Analytisch-chemisches Umweltpraktikum

Analytisch-chemisches Umweltpraktikum

Anleitungen zur Untersuchung von Luft, Wasser und Boden

Von Georg Schwedt und Frank-M. Schnepel

1981
Georg Thieme Verlag Stuttgart · New York

Prof. Dr. *Georg Schwedt*
Dr. *Frank-M. Schnepel*
Anorganisch-Chemisches Institut
der Georg-August-Universität
Tammannstr. 4
D-3400 Göttingen

CIP-Kurztitelaufnahme der Deutschen Bibliothek

Schwedt, Georg:
Analytisch-chemisches Umweltpraktikum : Anleitungen zur Unters. von Luft, Wasser u. Boden / von Georg Schwedt u. Frank-M. Schnepel. – Stuttgart ; New York : Thieme, 1981.

NE: Schnepel, Frank-M.:

Druck: J. Illig, Göppingen

ISBN 3 13 618301 0

"Was wollen Sie denn eigentlich, alter Schoppenwirt? Ein ewig Kommen und ein ewig Gehen! Haben die Familien Schulze, Meier und so weiter den Verkehr in Pfisters Mühle eingestellt, so haben Sie dafür die Familien der Schizomyceten und Saprolegniaceen in fröhlichster Menge, sämtlich mit der löblichen Fähigkeit, statt Kaffee in Pfisters Mühle zu kochen, aus den in Pfisters Mühlwasser vorhandenen schwefelsauren Salzen in kürzester Frist den angenehmsten Schwefelwasserstoff zu brauen."

WILHELM RAABE: Pfisters Mühle - Ein Sommerferienheft (1884)

INHALTSVERZEICHNIS

1. AUFBAU UND ZIELE DES PRAKTIKUMS

Die in diesem Buch beschriebenen Analysenverfahren wurden in einem 14-tägigen Blockpraktikum während der vorlesungsfreien Zeit im Anorganisch-Chemischen Institut der Universität Göttingen in dieser Zusammenstellung erstmals im Wintersemester 1980/81 durchgeführt. Teilnehmer an diesem Praktikum waren überwiegend Studenten der Chemie, Biologie/Mikrobiologie und Geologie/Mineralogie. Aufgrund der Methodenauswahl (s. S.3-5) können die Analysen aber auch von Studenten der Land- und Forstwirtschaft sowie von den an Umweltfragen interessierten Studenten der Ingenieurswissenschaften mit einer Grundausbildung im Fach Chemie durchgeführt werden (s. auch "Studienführer Umweltschutz", Kap. 5).

Das vorliegende Buch enthält ausführliche Beschreibungen von über 30 verschiedenen Analysenverfahren zur qualitativen und quantitativen Analyse anorganischer und organischer Substanzen in den Umweltmatrices Luft, Wasser und Boden.
Den Hauptanteil bilden die Verfahren zur Wasseranalytik.
Die ausgewählten Methoden beschränken sich auf die Gravimetrie, Volumetrie (Maßanalyse), Photometrie und auf einfache Trennmethoden wie Ionenaustausch, Flüssig-flüssig- sowie Flüssig-fest-Extraktion und Dünnschicht-Chromatographie (s. S. 3-5). Die einzelnen Abschnitte sind unterteilt in einen allgemeinen Teil mit Angaben zur Herkunft, zum Verhalten und zu den Richt- und Grenzwerten der Substanzen und in die Analysenvorschrift (einschließlich der theoretischen Grundlagen und Hinweisen zur Auswertung) mit einer Zusammenstellung der erforderlichen Geräte, Chemikalien und Lösungen.

Das Buch enthält eine größere Zahl von Versuchen als in einem 14-tägigen Praktikum mit täglicher Seminarstunde behandelt werden können.
Für die Auswahl und Zusammenstellung lassen sich folgende Gesichtspunkte heranziehen:

a) Untersuchung der <u>Luft</u> in einer Stadt oder in der Nähe von Industriebetrieben oder im Labor (Verfahren des Kap. 2),
b) Bestimmung <u>einiger ausgewählter Substanzen</u> oder Substanzgruppen <u>in verschiedenen Wasserproben</u> (Auswahl der Wasser-

proben nach Gesichtspunkten der Belastung: z.B. vor und nach einer Siedlung oder einem Industriebetrieb),

c) möglichst umfassende Analyse einer Wasserprobe (z.B. Trinkwasser, Mineralwasser, Fischwasser),

d) nach methodischen Gesichtspunkten: Anwendung von Trennmethoden für einige Substanzgruppen (polycyclisch-aromatische Kohlenwasserstoffe - toxische Metalle - Phenole - Mineralöle),

e) Vergleich der Ergebnisse aus den Summenbestimmungsmethoden für anorganische bzw. organische Inhaltsstoffe (Abschn. 3.2.3/3.2.4/3.2.5/3.2.6 bzw. 3.2.7/3.2.8/3.2.9)

f) Analysen zum Gleichgewicht Sediment/Wasser für einige ausgewählte Substanzen oder Substanzgruppen (aus Kap. 3 und 4).

Die Hinweise auf Störungen bei den einzelnen Analysenverfahren sollen zu einer kritischen Anwendung auf die zu untersuchenden Proben bzw. Materialien beitragen.

Die ermittelten Analysenergebnisse sollen in allen Fällen in Verbindung mit gezielten Fragestellungen zur Belastung der Umwelt ebenfalls zu einer kritischen und differenzierten Beurteilung anleiten, die in einem Begleitseminar diskutiert wird. Hierzu geben die im Buch enthaltenen Daten (jeweils im allgemeinen Teil jedes Abschnittes bzw. für die Wasseranalytik insgesamt im Abschn. 3.5) die Grundlagen.

In Kap. 5 sind außerdem bibliographische Angaben über weiterführende Literatur sowohl zur chemischen Analytik als auch zu allgemeinen Fragen der Umweltbelastung zu finden.

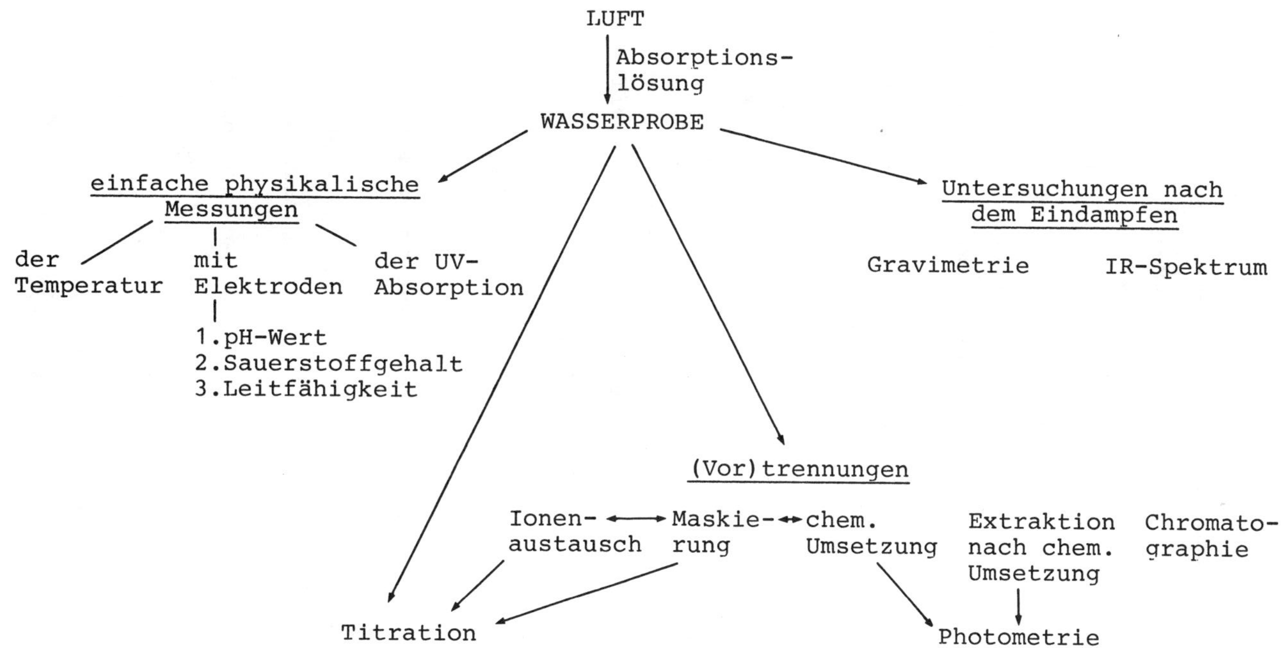

Abb.1 Schematische Übersicht: Methoden des Analytisch-Chemischen Umweltpraktikums

Tabellarische Zusammenstellung der eingesetzten Analysenmethoden

Analysenmethode	Bestimmung
Gravimetrie	3.2.5 Abdampfrückstand und Glührückstand
	4.1 Glühverlust (Boden- und Schlammanalytik)
Maßanalyse	2.5 Chlorwasserstoff
	3.2.2 Sauerstoffgehalt
	3.2.3 Härtebestimmungen
	3.2.4 Gesamtsalzgehalt
	3.2.7 Kaliumpermanganat-Verbrauch/Chemischer Sauerstoffbedarf
	3.2.8 Biologischer Sauerstoffbedarf
	3.4.1 Chlorid
	3.4.2 Sulfat
Potentiometrie	3.2.1 pH-Wert
	3.2.2 Sauerstoffgehalt
	3.2.8 Biologischer Sauerstoffbedarf
Konduktometrie	3.2.6 Leitfähigkeit
Ionenaustausch	3.2.4 Gesamtsalzgehalt
	3.4.2 Sulfat
Flüssig-fest-Extraktion	2.6 Polycyclisch-aromatische Kohlenwasserstoffe
	4.2 Bestimmung der löslichen Bestandteile (Boden- und Schlammanalytik)
Flüssig-flüssig-Extraktion	3.3.1 Dünnschicht-chromatographischer Schnelltest auf toxische Metalle
	3.3.3 Phenole
	3.3.4 Kohlenwasserstoffe (Mineralöle)
	3.3.5 Detergentien
	3.4.7 Eisen(II)/Eisen(III)
	3.4.9 Kupfer
	3.4.10 Zink/Cadmium

Analysenmethode	Bestimmung	
Dünnschicht-Chromatographie	2.6	Polycyclisch-aromatische Kohlenwasserstoffe
	3.3.1	Dünnschicht-chromatographischer Schnelltest auf toxische Metalle
	3.3.3	Phenole
	3.3.4	Kohlenwasserstoffe (Mineralöle)
Photometrie	3.2.9	Bestimmung der UV-Absorption
	2.2	Schwefelwasserstoff
	2.3	Schwefeldioxid
	2.4	Stickoxide
	2.5	Chlorwasserstoff
	3.3.3	Phenole
	3.3.5	Detergentien (Tenside)
	3.4.3	Phosphat
	3.4.4	Nitrit/Nitrat
	3.4.5	Fluorid
	3.4.6	Ammoniumionen
	3.4.7	Eisen(II)/Eisen(III)
	3.4.8	Mangan
	3.4.9	Kupfer
	3.4.10	Zink und Cadmium
Fluoreszenzanalyse	2.6	Polycyclisch-aromatische Kohlenwasserstoffe
	3.3.4	Kohlenwasserstoffe (Mineralöle)
Infrarot-Spektroskopie	3.3.2	
spezielle Gasanalyse	2.1	Kohlenmonoxid

2. LUFTANALYTIK

Messungen von Verunreinigungen der Luft durch Gase und Dämpfe in Arbeitsräumen werden in der Praxis in vielen Fällen mit Hilfe von Gasspürgeräten durchgeführt. Diese Geräte bestehen aus einer Gasspürpumpe (eine mit der Hand zu betätigende Balgenpumpe) und speziellen Gasprüfröhrchen für die jeweils zu ermittelnde chemische Substanz. Mit jedem Kolbenhub wird ein bestimmtes Volumen durch das Prüfröhrchen gepumpt, welches aus einem Glasrohr mit einer Reagenzfüllung besteht. Das Reagenz, das mit dem zu messenden Gas reagiert, befindet sich auf Silikagel als Reagenzträger. Eine Verfärbung des Röhrchens über eine bestimmte Länge der Schicht zeigt die Verunreinigung und deren Konzentration (in Abhängigkeit von der Zahl der Kolbenhübe) an. Für über hundert verschiedene Stoffe sind solche Prüfröhrchen heute im Handel erhältlich.

(Nähere Einzelheiten zu dieser Methodik:
K.Leichnitz: Prüfröhrchen; in: "Analytiker-Taschenbuch", Band 1 Springer-Verlag, Berlin - Heidelberg - New York 1980.
vom gleichen Autor: Prüfröhrchen-Taschenbuch, Luftuntersuchungen und technische Gasanalyse mit DRÄGER-Röhrchen mit Tabellenanhang 'Physikalische und toxikologische Daten von Gasen und Dämpfen'; 3. Ausgabe, Lübeck, Mai 1976.)

Innerhalb dieses ANALYTISCH-CHEMISCHEN UMWELTPRAKTIKUMS werden aus methodischen Gründen Luftanalysen nach Absorption der Gase und durch eine physikalisch-chemische (Gasanalyse nach ORSAT) bzw. chemische (photometrische) Analyse durchgeführt.

Die Inhaltsstoffe der Luft werden (mit Ausnahme des Kohlenmonoxids, s. Abschn. 2.1) nach dem gleichen Prinzip bestimmt:
Man saugt die zu untersuchende Luftprobe mit einer konstanten Geschwindigkeit v (dm^3/min) durch eine Absorptionslösung, die der jeweiligen zu bestimmenden Substanz angepaßt und in eine Gaswaschflasche gefüllt wird (s. Abb. 2). Nach der Zeit t (min) wird die Lösung titriert (z.B. Chlorid) oder nach einer chemischen Umsetzung photometriert und die ermittelte

Konzentration auf das Probevolumen $V = v \cdot t$ (dm^3) bezogen.

Die Eichkurve kann jeweils nach zwei verschiedenen Methoden ermittelt werden:

(1) Definierte Gasmengen werden in den angesaugten Luftstrom injiziert.

(2) Unter der Voraussetzung vollständiger Absorption kann die Eichung mit Gasmengen umgangen werden: Die Absorptionsflüssigkeit wird direkt mit Lösungen versetzt, die das betreffende Anion der zu bestimmenden Substanz (z.B. Sulfid für Schwefelwasserstoff) enthalten (s. Versuchsvorschriften).

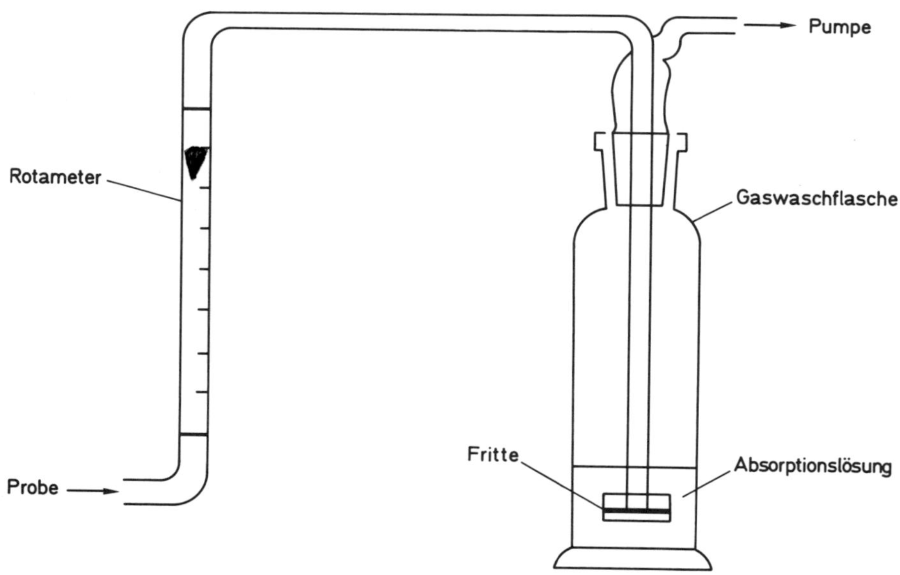

Abbildung 2 :

Apparatur zur Probenahme in der Luftanalytik

Definitionen der MAK- und MIK-Werte

MAK : "Abk. für Maximale Arbeitsplatz-Konzentration. Die MAK-Werte sind ein Maß für die beim Arbeiten mit Schadstoffen (z.B. gesundheitsschädlichen Gasen, Dämpfen u. flüchtigen Schwebstoffen, Stäuben, Vergällungsmitteln) gesundheitlich gerade noch erträgliche (d.h. bei täglich etwa achtstündiger Arbeitszeit u. auch bei wiederholter Einw. unschädliche) Menge des betreffenden Stoffes."

MIK : "Abk. für Maximale Immissions-Konzentration, worunter man Höchstkonz. an luftverunreinigenden Stoffen (Immissionen) in bodennahen Luftschichten versteht, die nach heutiger Erfahrung im allg. für Menschen, Tiere u. Pflanzen als noch unbedenklich gelten."

(zitiert nach: Römpps Chemie Lexikon, Hrsgb. O.-A.Neumüller, 7.Aufl.)

2.1 KOHLENMONOXID

Kohlenmonoxid gelangt als Verunreinigung aus Haushalten, Verkehr und Industriebetrieben in die Luft, in der dieses Gas in unbelasteten Gebieten nur in Spuren vorkommt. Es wird überall dort erzeugt, wo der Sauerstoffgehalt zur vollständigen Verbrennung kohlenstoffhaltiger Materialien nicht ausreicht - in vielen Feuerungsanlagen, in Verbrennungsmotoren der Autos - und ist bis zu 2% im Zigarettenrauch enthalten.

Kohlenmonoxid ist ein akut wirkendes Gift, welches im Blut mit dem Hämoglobin eine Verbindung eingeht, die wesentlich stärker ist als die mit dem lebensnotwendigen Sauerstoff. Bis zu 10% an CO-Hämoglobin werden für die Atemfunktion noch nicht gefährlich. Die folgende Tabelle zeigt die Zusammenhänge zwischen dem CO-Gehalt der Luft und dem CO-Hämoglobingehalt im Blut in Abhängigkeit von der Zeit:

CO-Gehalt der Luft in ppm	% CO-Hämoglobin im Blut nach: 1 h	8 h	bei Dauerbelastung
100	3,6	12,9	15
60	2,5	8,7	10
30	1,3	4,5	5
20	0,8	2,8	3,3
10	0,4	1,4	1,7

(nach LEITHE, s. Kap. 5)

In Autoabgasen darf nach den Bestimmungen des Technischen Überwachungsvereins (TÜV) bei leerlaufendem Motor eine Konzentration von 4,5% nicht überschritten werden.

Der MAK-Wert beträgt für Kohlenmonoxid 50 ppm (1 ppm = 10^{-4}% bzw. 1 cm^3/m^3) entsprechend 55 mg/m^3 Luft am Arbeitsplatz (s. Definition S. 8).

Bestimmungsmethode

(nach der Vorschrift aus: "PRAKTIKUM ANALYTISCHE CHEMIE II - Trenn- und Anreicherungsmethoden" an der Universität-Gesamthochschule-Siegen)

Bei einer bekannten Temperatur und unter gegebenem Druck wird ein abgemessenes Volumen eines Gasgemisches mit einem für den jeweiligen zu bestimmenden Bestandteil geeigneten Absorptionsmittel in Berührung gebracht. Dadurch verringert sich das Gesamtvolumen um den Volumenanteil des absorbierten Gases. Da die Messung des Restvolumens unter gleichen Bedingungen (Druck, Temperatur, Zusammensetzung der Sperrflüssigkeit) wie die des eingemessenen Volumens erfolgt, macht diese Art der Messung die Reduktion des Gasvolumens auf Normalbedingungen überflüssig.

Zur Absperrung des zu analysierenden Gases gegen den Außenraum sowie zur Druckregulierung (über ein Niveaugefäß) wird eine 20%ige Natriumsulfat-Lösung mit 5% Schwefelsäure benutzt. Diese Lösung ist außerdem mit Methylorange gefärbt, um eine leichtere Ablesung zu ermöglichen und einen Übergang von Lauge aus den Absorptionsgefäßen in die Sperrflüssigkeit anzuzeigen. Die Löslichkeit des zu bestimmenden Gases Kohlenmonoxid beträgt nur 0,0039 cm^3/cm^3 Lösung bei 760 Torr[x) S.11] und 25° C. Als Absorptionslösung für Kohlenmonoxid dient eine ammoniakalische Kupfer(I)chlorid-Lösung. Außerdem lassen sich nach dieser Methode von ORSAT auch Kohlendioxid, Sauerstoff und Stickstoff im Gemisch bestimmen. Sauerstoff wird in einer alkalischen Pyrogallol-Lösung, Kohlendioxid in 30%iger Kalilauge absorbiert. Die Absorptionen erfolgen in der Reihenfolge CO_2 - O_2 - CO. Der nicht absorbierte Gasrest kann bei Luft- und Abgas-Analysen als Stickstoff angesehen werden.

Durchführung

Geräte: Gasanalysenapparat ORSAT-KLEINE Nr. 1001 oder ORSAT-FISCHER oder ORSAT-LUNGE
Zu diesen Geräten werden ausführliche Bedienungsanleitungen mitgeliefert, so daß an dieser Stelle von einer detaillierten Beschreibung des Gerätes, der

Chemikalien und Lösungen sowie der Bestimmung abgesehen werden kann.

Die Ermittlung der Gehalte an CO und auch CO_2 sowie O_2 in Auto-Abgasen läßt sich nach der o.g. Praktikumsvorschrift wie folgt durchführen:
Eine Abgasprobe wird von einem im Stand laufenden Motor mit Hilfe eines Gasometers (Glasbehälter mit zwei Hähnen) entnommen, indem man die Sperrflüssigkeit des voll gefüllten Gasometers etwa zu Dreiviertel in das Niveaugefäß ablaufen läßt. Das Gasometer wird an den links am Dreiwegehahn befindlichen Eingang des Gasanalysenapparates (ORSAT-KLEINE) angeschlossen. Das Gas strömt durch den Überdruck im Gasometer in die Bürette ein. Danach wird die Gasprobe wieder aus dem Apparat gedrückt. Bei allen Vorgängen quetscht man den Schlauch des Niveaugefäßes mit der Hand ab, für den Fall daß die Rückschlagventile versagen sollten. Eine zweite ebenso angesaugte Probe wird ebenfalls aus der Apparatur entfernt. Erst die dritte Probe wird zur Analyse verwendet. Das Abmessen des Volumens von 100,0 cm^3 muß "drucklos" geschehen, d.h. die Bürette muß bis zur (unteren)100-cm^3-Marke bei gleich hohem Sperrflüssigkeitsstand im Niveaugefäß gefüllt sein. Danach schließt man mit dem Dreiwegehahn die Apparatur ab.

Auswertung:
Angabe der Kohlenmonoxid-Konzentration in Volumenprozenten (Außer dem CO-Gehalt können auch die O_2- und CO_2-Konzentrationen im Auto-Abgas mit dieser Apparatur ermittelt werden.)

x) Druck - Umrechnung auf SI-Einheiten:
760 Torr = 1 atm = 1,01325 bar = 101 325 Pa

2.2 SCHWEFELWASSERSTOFF

Schwefelwasserstoff kommt in der Natur infolge geochemischer Prozesse in vulkanischen und Erdgasen sowie in einigen Thermalwässern vor und wird als Fäulnisprodukt vorwiegend aus schwefelhaltigen Aminosäuren gebildet. In fäkalischen Abwässern tritt Schwefelwasserstoff gemeinsam mit Ammoniak auf. In Abgasen verschiedener Industriezweige wie der Zellstoff-, Zellwolle- und Kunstseide(Reyon)-Industrie ist Schwefelwasserstoff neben anderen Schwefelverbindungen enthalten, außerdem in rohem Kokerei- und im Wassergas. Als Abfallprodukt fällt es bei der Verarbeitung von Erdöl und in geringen Mengen auch bei der Erzverhüttung an. Unter anaeroben Bedingungen entsteht dieses Gas außerdem bei der Abwasserbehandlung.

Schwefelwasserstoff weist den charakteristischen Geruch nach faulen Eiern auf (Entstehung aus schwefelhaltigen Proteinen): Je nach Person werden bereits Konzentrationen von 0,025 bis 0,1 ppm mit dem Geruchssinn wahrgenommen. Bei längerem Aufenthalt in einer Atmosphäre mit Schwefelwasserstoff tritt eine Gewöhnung und somit eine erhebliche Erhöhung der Geruchsschwelle auf. Auf den Menschen wirkt Schwefelwasserstoff wesentlich stärker toxisch (als Zell- bzw. Enzymgift) als auf pflanzliche Lebewesen.

Der MAK-Wert beträgt 10 ppm entsprechend 15 mg/m^3. Als maximale Immissions-Konzentration (MIK-Wert) wird von der VDI-Kommission "Reinhaltung der Luft" als Kurzzeitwert 0,2 ppm und als Dauerwert 0,1 ppm angegeben.

Bestimmungsmethode

Schwefelwasserstoff wird in einer Cadmiumhydroxid-Suspension als Cadmiumsulfid gebunden. Nach dem Auflösen des Niederschlages werden die Sulfidionen mit N,N-Dimethyl-p-phenylendiamin in Gegenwart von Eisen(III)-Ionen zu Methylenblau umgesetzt (Struktur dieses Farbstoffes s. in Lehrbüchern der Organischen Chemie). Die Konzentration wird photometrisch bestimmt.

Durchführung

Geräte: Gaswaschflasche mit Fritte, 50-, 100- und 1000-cm^3-Meßkolben, 50-cm^3-Meßzylinder, 1-, 5-, 10-cm^3-Meßpipetten.

Reagenzien und Lösungen:

Cadmiumhydroxid-Suspension: 430 mg Cadmiumsulfat p.a. werden in einigen cm^3 dest. Wasser gelöst, mit 30 mg Natriumhydroxid (Plätzchen p.a., gelöst in etwas dest. Wasser) versetzt und mit dest. Wasser im Meßkolben auf 100 cm^3 aufgefüllt.

Amin-Lösung: 5 cm^3 Schwefelsäure (d: 1,84) werden vorsichtig in 3 cm^3 dest. Wasser gegeben, abgekühlt und mit 1,2 g N,N-Dimethyl-p-phenylen-diamin versetzt; von dieser Lösung werden 2,5 cm^3 mit halbkonz. Schwefelsäure im Meßkolben auf 100 cm^3 aufgefüllt.

Eisen(III)chlorid-Lösung: 10 g $FeCl_3 \cdot 6\ H_2O$ werden in dest. Wasser gelöst und auf etwa 10 cm^3 aufgefüllt.

Sulfid-Stammlösung: 710 mg $Na_2S \cdot 9\ H_2O$ werden in dest. Wasser gelöst und im Meßkolben auf 1000 cm^3 aufgefüllt: 1 cm^3 dieser Lösung entspricht 100 µg H_2S.

Verdünnung: 1 cm^3 der Sulfid-Stammlösung wird mit dest. Wasser im Meßkolben auf 100 cm^3 aufgefüllt: 1 cm^3 dieser Lösung entspricht 1 µg H_2S.

Störungen und Vorbehandlung:

Die Oxidation von Schwefelwasserstoff beim Einleiten der Luft kann durch Zusatz von Antioxidantien (s. LEITHE, S.144 - s. Literaturverzeichnis) verhindert werden.

Bestimmung:

Die zu untersuchende Luft wird etwa 30 Minuten lang mit einer Geschwindigkeit von 20 - 30 dm^3/min durch die Gaswaschflasche geleitet (s. auch Abschn. 2 - Luftanalytik), die mit 40 cm^3 der Cadmiumhydroxid-Suspension gefüllt ist. Darauf wird die Lösung mit 0,6 cm^3 Amin-Lösung und einem Tropfen Eisen(III)-chlorid-Lösung versetzt, in einen 50-cm^3-Meßkolben gespült und mit dest. Wasser aufgefüllt. Nach 30 Minuten wird bei 670 nm gegen eine analog behandelte Blindprobe aus 40 cm^3 der Cadmiumhydroxid-Suspension photometriert.

Auswertung:

Die Schwefelwasserstoffkonzentration wird interpolativ aus der Eichkurve bestimmt. Zur Ermittlung der Eichkurve werden jeweils 1 bis 9 cm^3 der Sulfid-Verdünnung mit 40 cm^3 der Cadmiumhydroxid-Suspension versetzt und wie oben beschrieben weiter behandelt. Die Volumina der Verdünnung enthalten 1 bis 9 µg H_2S.

Umrechnung von µg H_2S auf ppb:

H_2S in ppb = $719 \cdot a/V$ (für T = 298 K, p= 760 Torr[x) S.11])

a = Schwefelwasserstoffmenge in µg

V = Volumen der eingeleiteten Probe (aus: Durchflußgeschwindigkeit in dm^3/min multipliziert mit der Durchflußzeit in min)

Für die Umrechnung von µg Gasmenge auf ppb gilt allgemein:

$$x\,[ppb] = \frac{R \cdot T}{M \cdot p} \cdot \frac{a}{V} = f \cdot \frac{a}{V}$$

a: ermittelte Gasmenge in µg

M: Molekulargewicht des Gases in g

T: Temperatur in K, p: Druck in atm[x) S.11]

R: 82,05 cm^3 atm/K·mol (Gaskonstante)

V: Volumen der Luftprobe in dm^3

Für T = 298 K und p = 1 atm beträgt der Umrechnungsfaktor f:

	H_2S	SO_2	NO_2	HCl
f:	719	382	531,5	670

2.3 SCHWEFELDIOXID

In vulkanischen Gasen ist Schwefeldioxid geochemischen Ursprungs. Aufgrund der Anwesenheit von Schwefel in den verschiedensten Brennstoffen findet man dieses Gas vorwiegend in den Rauchgasen aus Haushalt und Industrie. Aus der Produktion selbst wird es in eisenverarbeitenden Betrieben und Schwefelsäurefabriken freigesetzt. Innerhalb der Luftverunreinigungen wird Schwefeldioxid als die am meisten verbreitete und auch gefährlichste Schadstoffkomponente angesehen.

Als starkes Reizgas bereits in großer Verdünnung wird diese Wirkung auf die Atmungsorgane bei Anwesenheit von Wasserdampf durch die Bildung eines Aerosols gesteigert, das direkt in die Atmungsorgane eindringen kann und nicht mehr bereits in den wäßrigen Schleimhäuten gebunden wird. Bei bestimmten Wetterlagen können z.B. die in den Städten entstehenden Schwefeldioxidmengen nicht mehr genügend schnell in die höhere Atmosphäre entweichen und führen so zu gefährlichem Anstieg der Konzentration. In Verbindung mit Nebel spricht man in diesen Fällen von einer SMOG-Situation, wobei der Begriff SMOG selbst nur die sichtbare Verunreinigung der Atmosphäre durch Staub (= Kondensationskeime für Wasser mit dem Ergebnis Nebel) über städtischen und industriellen Ballungsgebieten beinhaltet.

In Nordrhein-Westfalen existiert ein Alarmplan im Hinblick auf den SO_2-Gehalt der Luft (und die Gehalte anderer Schadstoffe), wonach bei Alarmstufe II (Anstieg über 5 mg/m^3 an SO_2) bereits Einschränkungen im Autoverkehr in Kraft treten.

Schwefeldioxid hat eine Reihe weiterer schädlicher Wirkungen z.B. auch auf Pflanzen (Zerstörung des Gewebes) und auf den Boden (Übersäuerung und damit z.B. Freisetzung schädlicher Substanzen). Besonders empfindliche Pflanzen sind Nadelbäume und auch die Gerste: Bereits 0,15 ppm gelten als Toleranzgrenze, chronische Schäden können bei 0,3 ppm, akute bei 1-2 ppm auftreten.

Weitere Auswirkungen sind bei Anwesenheit von Wasser das Rosten von Eisen und der Angriff säureempfindlicher Baumaterialien wie Kalkstein und Beton (s. Kölner Dom und andere historische Bauten).

Der MAK-Wert beträgt 5 ppm entsprechend 13 mg/m^3, der MIK-Dauerwert 0,2 und der MIK-Spitzenwert innerhalb von je 2 Stunden 0,3 ppm.

Bestimmungsmethode (nach VDI-Richtlinie 2451)

Schwefeldioxid wird von einer Tetrachloromercurat-Lösung absorbiert, wobei folgende Reaktion angenommen wird:

$$HgCl_4^{2-} + 2\ SO_2 + 2\ H_2O \rightleftharpoons Hg(SO_3)_2^{2-} + 4\ Cl^- + 4\ H^+$$

Die SO_2-Konzentration wird nach der Umsetzung der Sulfitionen mit Pararosanilinhydrochlorid(p,p',p''-Triaminotriphenylcarbinolhydrochlorid) und Formaldehyd zu einem rotgefärbten Sulfonsäurederivat photometrisch bestimmt.

Durchführung

Geräte: Gaswaschflasche mit Fritte, 10-, 50-, 100-, 500- und 1000-cm^3-Meßkolben, 0,5-, 1-, 5- und 10-cm^3-Pipetten, 50-cm^3-Bechergläser; 10-cm^3-Meßpipette

Reagenzien und Lösungen:

Natriumtetrachloromercurat-Lösung: 27,2 g $HgCl_2$ p.a. und 11,7 g NaCl p.a. werden mit dest. Wasser im Meßkolben auf 1000 cm^3 aufgefüllt.

Reagenz-Lösung: 40 mg Pararosanilinhydrochlorid (Parafuchsin, Merck) werden mit 6 cm^3 Salzsäure, konz., versetzt (- die Lösung sollte bernsteingelb gefärbt sein, s. angegebene Originalarbeiten in LEITHE, S.164, s. Kap. 5 -) und mit dest. Wasser im Meßkolben auf 100 cm^3 aufgefüllt (höchstens 14 Tage haltbar).

Formaldehyd-Lösung: 0,5 cm^3 einer 40%igen Formaldehyd-Lösung werden mit dest. Wasser im Meßkolben auf 100 cm^3 aufgefüllt; die Lösung muß stets frisch angesetzt werden.

Stammlösung: 5 cm^3 einer 0,05 N Natriumpyrosulfit-Lösung (951 mg Natriumdisulfit trocken p.a. in 100 cm^3 dest. Wasser, iodometrisch eingestellt) werden mit frischer Natriumtetrachloromercurat-Lösung im Meßkolben auf 500 cm^3 aufgefüllt, und 5 cm^3 dieser Lösung werden nochmals auf 50 cm^3 verdünnt; 1 cm^3 dieser Verdünnung enthält 1,6 µg SO_2.

Bestimmung:

In die Gaswaschflasche werden 20 cm^3 Natriumtetrachloromercurat-Lösung gefüllt; man leitet innerhalb von etwa 30 Minuten insgesamt ca. 20 dm^3 der zu untersuchenden Luft durch die Lösung, entnimmt darauf 10 cm^3 und versetzt sie in einem 100-cm^3-Meßkolben mit 1 cm^3 Reagenz-Lösung sowie 1 cm^3 Formaldehyd-Lösung und füllt bis zur Marke mit dest. Wasser auf. Nach 30 Minuten wird bei 550 nm gegen eine analog behandelte Blindprobe aus 10 cm^3 Natriumtetrachloromercurat-Lösung photometriert.

Wenn die Extinktion der Probe über 0,75 liegt, wird nach dem Durchleiten der Luft ein kleineres Probevolumen aus der Gaswaschflasche entnommen, mit Natriumtetrachloromercurat-Lösung auf 10 cm^3 aufgefüllt und wie oben beschrieben weiter behandelt.

Auswertung:

Die SO_2-Menge wird aus der Eichkurve interpolativ bestimmt. Zur Ermittlung der Eichkurve werden 2 bis 10 cm^3 der Verdünnung jeweils mit Natriumtetrachloromercurat-Lösung auf 10 cm^3 aufgefüllt und wie oben beschrieben weiter behandelt. Diese Volumina entsprechen 3,2 bis 16 µg SO_2 in der zu messenden Lösung. Die Umrechnung der so ermittelten SO_2-Mengen in µg wird nach den Angaben in Abschn. 2.2 (S. 14) auf ppb-Gehalte in der Luft durchgeführt.

2.4 STICKOXIDE

Von den Oxiden des Stickstoffs ist das Distickstoffoxid N_2O ("Lachgas") in der unbelasteten Atmosphäre zu etwa 0,3 ppm vorhanden. Als Verunreinigung hat dieses Oxid keine Bedeutung; es entsteht in geringen Mengen bei einer Reihe von Zersetzungen stickstoffhaltiger anorganischer und organischer Stoffe (Oxidationsprozesse mit Salpetersäure, Herstellung von Salpetersäure und von Düngemitteln).

Stickstoffmonoxid (Stickoxid) NO und Stickstoffdioxid NO_2 werden als nitrose Gase zusammengefaßt. Bei geringen Gehalten an NO in der Luft ist diese Verbindung sehr lange beständig und wird nicht sofort zu NO_2 oxidiert.

Stickoxide, vor allem auch NO, werden in Benzin- und Dieselmotoren gebildet und sind auch in den Abgasen von Gasturbinen sowie von thermischen Kraftwerken (auf Kohlebasis) enthalten. Im Zigarettenrauch sind NO und NO_2 in relativ hohen Konzentrationen (bis zu 1000 ppm) meßbar. Weitere Verursacher von Stickoxidverunreinigungen sind metallverarbeitende und chemische Industriebetriebe (z.B. Schwefelsäure- u. Salpetersäure-Fabriken).

Stickstoffdioxid verursacht Schleimhautreizungen, Stickstoffmonoxid schädigt das Hämoglobin durch Umwandlung in Nitroso- bzw. Methämoglobin. Ähnlich wie beim Schwefelwasserstoff werden schon geringe Konzentrationen an NO_2 in der Luft am Geruch wahrgenommen (etwa 0,1 ppm). Auch tritt bei diesem Gas eine Gewöhnung und damit ein Anstieg der Geruchsschwelle auf etwa 25 ppm ein. Neben der Reizwirkung auf die Atmungsorgane macht sich bei Konzentrationen über 20 ppm ein Augenreiz bemerkbar. Schäden an Pflanzen werden bei Langzeitbegasungen bereits ab 0,4 ppm NO_2 beobachtet.

Der MAK-Wert für NO_2 beträgt 5 ppm entsprechend 9 mg/m^3, der MIK-Kurzzeitwert 1 ppm und der MIK-Dauerwert 0,5 ppm. Die Wirkung des NO wird nur etwa 20% so hoch wie die des NO_2 eingeschätzt.

Bestimmungsmethode: Stickstoffdioxid

Stickstoffdioxid wird in alkalischer Lösung absorbiert:

$$2\ NO_2 + 2\ OH^- \rightleftharpoons NO_3^- + NO_2^- + H_2O$$

Die Bestimmung der Nitritionen erfolgt nach Diazotierung und Azokupplung (s. dazu in Abschn. 3.4.4) photometrisch.

Durchführung

Geräte: Gaswaschflasche mit Fritte, 1- und 10-cm^3-Vollpipetten, 5-cm^3-Meßpipette, 50-cm^3-Meßkolben, 100-cm^3-Meßzylinder

Reagenzien und Lösungen:

Absorptionslösung: 250 cm^3 0,1 N Natronlauge (Titrisol) werden mit 0,5 cm^3 n-Butanol versetzt.

Wasserstoffperoxid-Lösung: 1%ig in dest. Wasser

Amid-Lösung: 2 g Sulfanilamid werden in einer Mischung aus 97 cm^3 dest. Wasser und 3 cm^3 konz. Phosphorsäure gelöst.

Amin-Lösung: s. in Abschn. 3.4.4

Nitrit-Stammlösung: s. in Abschn. 3.4.4

Störungen:

Zur vollständigen NO_2-Absorption muß ein Schaummittel (hier: n-Butanol) zugesetzt werden (s.o.: "Absorptionslösung"). Störungen durch Schwefeldioxid werden durch Zusatz von Wasserstoffperoxid beseitigt (s. "Bestimmung").

Bestimmung:

In die Gaswaschflasche werden 30 cm^3 der Absorptionslösung gefüllt. Man leitet während 40 Minuten etwa 40 dm^3 der Luftprobe durch die Lösung, füllt sie in einen 50-cm^3-Meßkolben und versetzt sie mit einem Tropfen Wasserstoffperoxid-Lösung, 10 cm^3 Amid-Lösung und 1 cm^3 Amin-Lösung. Man füllt mit dest. Wasser auf 50 cm^3 auf und photometriert nach 30 Minuten bei 550 nm gegen eine analog behandelte Blindprobe aus 30 cm^3 Absorptionslösung.

Auswertung:

Die Konzentration an Stickstoffdioxid in der Luft wird aus einer Eichkurve durch Umrechnung (s. Abschn. 2.2) interpolativ bestimmt. Dazu wird die Eichkurve im Bereich von 1- 25 µg/ 50 cm^3 zu messender Lösung (entsprechend 1-25 cm^3 der Nitrit-Verdünnung s. in Abschn. 3.4.4) aufgenommen, indem die genannten Volumina in 50-cm^3-Meßkolben pipettiert, mit der Absorptionslösung auf etwa 30 cm^3 verdünnt und wie oben beschrieben weiter behandelt werden.

Die Umrechnung der so ermittelten NO_2-Mengen in µg erfolgt nach den Angaben in Abschn. 2.2 auf ppb-Gehalte in der Luft.

2.5 CHLORWASSERSTOFF

In Laboratorien treten bei der Verwendung von Salzsäure häufig höhere Konzentrationen an Chlorwasserstoff in der Luft auf, ebenso an Arbeitsplätzen, wo Salzsäure als Ätz-, Beiz- und Reinigungsmittel zur Behandlung von Werkstoffoberflächen eingesetzt wird. Infolge von Chlorierungsprozessen innerhalb der Herstellung von Kunststoffen und Schädlingsbekämpfungsmitteln wird ebenfalls Chlorwasserstoff frei, der jedoch als Immission kaum eine Rolle spielt, da er aus Abgasen leicht ausgewaschen werden kann. In der Müllverbrennung wird HCl vor allem aus chlorhaltigen Kunststoffabfällen (PVC) freigesetzt.

Das Chlorwasserstoffgas weist eine starke Reizwirkung auf die Schleimhäute auf. Andererseits ist Salzsäure im Magen in einer Konzentration von etwa 0,1 mol/dm^3 vorhanden. Als starke Säure hat Chlorwasserstoff vergleichbare korrodierende Wirkungen auf Baustoffe wie das Schwefeldioxid; sie ist aber wegen der Flüchtigkeit von HCl weniger stabil als die aus SO_2 gebildete Schwefelsäure.

Der MAK-Wert beträgt 5 ppm entsprechend 7 mg/m^3, der MIK-Dauerwert 0,5 ppm und der MIK-Kurzzeitwert 1 ppm (einmal innerhalb von 2 Stunden).

Bestimmungsmethode

Chlorwasserstoff wird schnell und vollständig in alkalischer Lösung absorbiert. Die Analyse erfolgt durch die Bestimmung der Chloridionen-Konzentration titrimetrisch wie in Abschn. 3.4.1 beschrieben oder nach folgendem Verfahren: Bei der Umsetzung mit $Hg(SCN)_2$ werden Chloridionen als $HgCl_2$ gebunden und äquivalente Mengen an Thiocyanat-Ionen freigesetzt. Diese reagieren mit Eisen(III)-Ionen zu dem intensiv rot gefärbten Eisen(III)-Thiocyanat-Komplex $[Fe(SCN)_6]^{3-}$.
Die Konzentration wird photometrisch bestimmt.

Durchführung

Geräte: Gaswaschflasche mit Fritte, 10-cm^3-Meßpipette, 50-, 100- und 1000-cm^3-Meßkolben, Meßzylinder

Reagenzien und Lösungen:

Natronlauge: 0,01 N (Titrisol oder zehnfache Verdünnung von 0,1 N NaOH Titrisol)

Salpetersäure: verdünnt, etwa 2 N

Quecksilber(II)rhodanid-Lösung: 250 mg $Hg(SCN)_2$ p.a. in 25 cm^3 Methanol p.a. lösen

Ammoniumeisen(III)sulfat-Lösung: 4 g $NH_4Fe(SO_4)_2 \cdot 12\ H_2O$ in 50 cm^3 6 N Salpetersäure lösen

Chlorid-Stammlösung: 329,6 mg Natriumchlorid p.a. werden in dest. Wasser gelöst und im Meßkolben auf 1000 cm^3 aufgefüllt: 1 cm^3 dieser Lösung enthält 0,2 mg Cl^-.

Chlorid-Verdünnung: 10 cm^3 der Chlorid-Stammlösung werden mit dest. Wasser im Meßkolben auf 100 cm^3 aufgefüllt: 1 cm^3 dieser Lösung enthält 20 µg Cl^-.

Bestimmung:

In die Gaswaschflasche werden 30 cm^3 0,01 N Natronlauge gegeben: Man leitet innerhalb von 3o Minuten etwa 20 dm^3 der zu untersuchenden Luft ein, spült die Lösung in einen 50-cm^3-Meßkolben und versetzt sie mit 3 Tropfen Salpetersäure (etwa 2 N), 4 cm^3 Quecksilber(II)rhodanid-Lösung und 8 cm^3 Ammoniumeisen(III)sulfat-Lösung. Die Probe wird mit dest.

Wasser aufgefüllt und bei 460 nm gegen eine analog behandelte Blindprobe aus 30 cm^3 0,01 N Natronlauge photometriert (Verwendung von 2-cm-Küvetten).

Auswertung:

Die Chlorid-Menge wird aus der Eichkurve interpolativ bestimmt. Zur Ermittlung der Eichkurve werden jeweils 1 bis 10 cm^3 der Chlorid-Verdünnung mit 0,01 N Natronlauge auf etwa 30 cm^3 verdünnt, mit den oben genannten Lösungen versetzt, mit dest. Wasser auf 50 cm^3 im Meßkolben aufgefüllt und photometriert. Die Volumina der Chlorid-Verdünnung entsprechen Chlorid-Mengen von 20 bis 200 µg in der zu messenden Lösung. Die Umrechnung der so ermittelten Chlorid-Mengen in µg wird nach den Angaben in Abschn. 2.2 auf ppb-Gehalte in der Luft durchgeführt.

2.6 POLYCYCLISCH-AROMATISCHE KOHLENWASSERSTOFFE

Anthracen, Phenanthren, Pyren, Fluoranthen, 3,4-Benzpyren (Benz-a-pyren),Chrysen und andere polycyclische und aromatische Kohlenwasserstoffe sind im Steinkohlenteer und im Ruß vorhanden. Diese organischen Substanzen weisen bei normalen Temperaturen einen merklichen Dampfdruck auf, obwohl sie Feststoffe darstellen. Einige dieser Kohlenwasserstoffe sind auch im Tabakrauch und in der Luft industrie- und automobilreicher Städte nachweisbar. Sie werden vorzugsweise an Staubpartikeln adsorbiert.

Aus Tierversuchen und statistischen Erhebungen ergeben sich deutliche Anhaltspunkte für eine cancerogene Wirkung (Entstehung von Haut- und Lungenkrebs) vor allem der Dibenzpyrene.

In 1000 m^3 Stadtluft lassen sich z.B. Mengen von 20-200 µg an Benzpyren feststellen. Für Trinkwasser wurde ein Grenzwert gesetzlich festgelegt (s. Abschn. 3.3.4).

Bestimmungsmethode

Die Gruppe der polycyclisch-aromatischen Kohlenwasserstoffe weist charakteristische gemeinsame spektroskopische Eigenschaften auf: Neben einer UV-Lichtabsorption im Bereich von 250-400 nm mit hohen Extinktionskoeffizienten zeigen sie sehr intensive Fluoreszenzen beim Bestrahlen mit einer UV-Lampe. In organischen Lösungsmitteln sind sie gut löslich; chromatographisch lassen sie sich voneinander trennen.

Da diese Kohlenwasserstoffe am Staub in der Luft adsorbiert werden, erfolgt die Analyse auch mit diesem Material. Wegen des hohen zeitlichen und apparativen Aufwandes zur Sammlung von Staub aus der Luft (- mindestens 100 m^3 müssen durch ein spezielles Filter gesaugt werden -) wird für die folgenden Untersuchungen Straßenstaub eingesetzt, an dem vor allem die Kohlenwasserstoffe aus den Autoabgasen adsorbiert sind (ausführliche Angaben zur Methodik siehe in LEITHE, Kap.5).

Durchführung

Geräte: Soxhlet-Apparatur mit 250-cm^3-Rundkolben und Heizpilz, Extraktionshülsen für Soxhlet (1 h mit Aceton vorextrahieren), UV-Lampe, Vakuum-Rotationsverdampfer, 10-cm^3-Erlenmeyerkolben, Glaskapillarrohr, DC-Kammer für 20 x 20 cm Platten

Reagenzien und Materialien:
Aceton p.a., Hexan und Benzol p.a., FER-A-POL (Ferak, Berlin): Standardlösung polycyclischer Aromaten (PAH oder auch PCA in der Abkürzung); Kieselgel-DC-Platten mit Konzentrierungszone- ohne Fluoreszenzindikator.

Bestimmung:
Einige Gramm einer Staubprobe werden in einer Soxhlet-Apparatur mit 250-cm^3-Rundkolben und Heizpilz eine Stunde mit etwa 100 cm^3 Aceton extrahiert. Die so erhaltene Lösung wird zunächst unter einer UV-Lampe bei den Anregungswellenlängen 254 bzw. 360 nm auf Fluoreszenzen geprüft (Vergleich mit dem eingesetzten Aceton: Blindwert).
Der Extrakt wird anschließend mit Hilfe eines Vakuum-Rotationsverdampfers bei Zimmertemperatur bis auf wenige Kubikzentimeter eingeengt; eine Temperaturerhöhung muß wegen der Flüchtigkeit der Kohlenwasserstoffe möglichst vermieden werden. Von der verbliebenen Lösung wird der Hauptanteil in einen 10-cm^3-Erlenmeyerkolben überführt und nochmals auf Fluoreszenzen geprüft.
Von dieser Lösung trägt man dann 0,1 cm^3 oder mehr mit Hilfe eines Glaskapillarrohres auf der Konzentrierungszone einer Kieselgel-Dünnschichtplatte auf und läßt das Lösungsmittel verdunsten. Aus der Vergleichslösung FER-A-POL wird nach der dort beiliegenden Vorschrift ein geringeres Volumen ebenfalls aufgetragen. Mit einem Gemisch aus n-Hexan und Benzol (9:1) werden die Substanzgemische in einer ungesättigten Kammer chromatographiert, bis sich die Laufmittelfront etwa 2-3 cm unter dem Plattenrand befindet. Danach wird die Platte an der Luft getrocknet, bis keine Laufmittelreste mehr am Geruch wahrnehmbar sind (- oder für 2 bis maximal 5 Minuten in einen

Trockenschrank bei nicht mehr als 40° C stellen -). Die anschließende Auswertung des Chromatogramms erfolgt bei den Wellenlängen 254 und 360 nm unter der UV-Lampe.

Auswertung:

Die qualitative Auswertung wird zunächst auf das Vorhandensein fluoreszierender Substanzen im Acetonextrakt des Staubes beschränkt, wobei die Fluoreszenzen bei geringen Gehalten im Staub nur im angereicherten Extrakt (nach dem Einengen des Volumens am Rotationsverdampfer) deutlich sichtbar werden.

Die Dünnschicht-Chromatographie ermöglicht im Vergleich zu den Substanzen in der FER-A-POL-Lösung die Unterscheidung der zu analysierenden polycyclisch-aromatischen Kohlenwasserstoffe von möglicherweise anderen fluoreszierenden Stoffen. Nach dem hier beschriebenen chromatographischen Verfahren erfolgt keine vollständige Trennung aller polycyclischen Aromaten der FER-A-POL-Lösung; der Rf-Bereich auf der DC-Platte ist jedoch für diese Substanzgruppe charakteristisch.

(Einzelheiten zur Chromatographie und Fluorimetrie polycyclisch-aromatischer Kohlenwasserstoffe sind in der Monographie von SCHWEDT: Fluorimetrische Analyse - Methoden und Anwendungen; Verlag Chemie, Weinheim 1981 zu finden.)

3. WASSERANALYTIK

3.1 PROBENAHME UND KONSERVIERUNG

Als Gefäße für die Wasserproben sind gut gereinigte und vor allem vom Reinigungsmittel vollständig befreite Glas- oder Kunststoff-Flaschen (aus Hart-PVC - ohne Weichmacher - oder aus dickwandigem Polyethylen) mit Volumina von 0,5 oder 1 dm^3 einzusetzen. Diese werden mehrmals mit dem zu untersuchenden Wasser ausgespült, bevor die eigentliche Probe genommen und das Gefäß mit einem Glas- oder Kunststoffstopfen verschlossen und beschriftet wird (Ort, Datum, Zeit, sonstige Angaben wie Wetter und spezielle Beobachtungen zur Umgebung).

Bei Substanzkonzentrationen im Spurenbereich (sowohl organischer wie auch anorganischer Stoffe) besteht die Gefahr der Adsorption an den Gefäßwandungen und einer dadurch abnehmenden Konzentration im Wasser. Die betreffenden Analysen sollten daher möglichst umgehend nach der Probenahme durchgeführt werden.
Außerdem erfolgt durch die im Wasser vorhandenen Lebewesen im Verlauf von biochemischen Vorgängen eine Veränderung der Substanzzusammensetzung, vor allem im Hinblick auf die organischen Inhaltsstoffe und auch anorganischen Stickstoffverbindungen.

Alle Beobachtungen bei der Probenahme über die Beschaffenheit des Gewässers insgesamt bzw. über die unmittelbare Umgebung (angrenzende landwirtschaftliche Flächen, Besiedlung, Nähe von Industriebetrieben usw.) sowie das augenblickliche Wetter sollten neben den Daten Ort und Zeit (s.o.) notiert werden. Aussagen über den allgemeinen Zustand eines Gewässers lassensich erst bei einer repräsentativen und in zeitlichen Abständen wiederholten Probenahme machen (Einzelheiten siehe in den Monographien Kap. 5).

An Ort und Stelle müssen außerdem die Wassertemperatur und der pH-Wert gemessen werden.

Eine Konservierung der Wasserproben soll eine Veränderung der zum Zeitpunkt der Probenahme bestehenden Zusammensetzung und der Konzentrationen verhindern. Allgemein anwendbare Verfahren lassen sich jedoch nicht nennen. Um biochemische Prozesse zu verhindern,werden einige Kubikzentimeter an Chloroform je Kubikdezimeter Wasserprobe zugesetzt oder auch einer Lösung an Quecksilberchlorid. Ein Zusatz kann jedoch immer zu Störungen einer speziellen Bestimmung führen. Daher wird häufig die Konservierung durch Lagern bei 4°C oder durch Einfrieren der Proben empfohlen. Für spezielle Bestimmungen haben sich folgende Konservierungsmittel bewährt:

An Ort und Stelle erfolgt die Fixierung des gelösten Sauerstoffs durch die Oxidation von Mangan(II)salzen in alkalischer Lösung (s. Abschn. 3.2.2).

Stickstoffhaltige Verbindungen bleiben nach Zugabe von Chloroform oder Quecksilber(II)chlorid unverändert.

Phenole bleiben nach Zusatz von Natronlauge als entsprechende Phenolationen konserviert.
Weitere Besonderheiten sind bei den einzelnen Standardverfahren zu finden.

Bei einem Geruch nach Schwefelwasserstoff in der Umgebung des Wassers muß bei der Probenahme Cadmiumacetat zur Fällung und damit Fixierung des Sulfids hinzugesetzt werden.

3.2 STANDARDVERFAHREN ZUR ALLGEMEINEN BEURTEILUNG DER WASSERGÜTE

Die in den folgenden Abschnitten beschriebenen Standardverfahren finden eine verbreitete Anwendung in den Untersuchungen zur Qualität der verschiedensten Wasserarten. Sie haben gemeinsam, daß sie keine chemischen Einzelsubstanzen erfassen, sondern jeweils mehrere bis zu einer größeren Gruppe wie die der gesamten organischen Inhaltsstoffe bestimmen.

Aufgrund der ermittelten Gehalte und Größen lassen sich erste Aussagen über den Grad der Belastung bzw. Verschmutzung machen und erste Hinweise auf mögliche Verunreinigungen entnehmen.

Diese physikalischen und chemischen Analysenverfahren bilden die Grundlage jeder Wasseruntersuchung. Die Aussagemöglichkeiten zur Wassergüte werden durch die Anwendung weiterer spezieller Verfahren ergänzt und erweitert, die eine differenzierte Aussage über einzelne Wasserinhaltsstoffe erlauben (s. Abschn. 3.3 und 3.4).

3.2.1 pH-WERT

Der pH-Wert als negativer dekadischer Logarithmus der Wasserstoffionenkonzentration (= absoluter Wert des negativen Exponenten der molaren Wasserstoffionenkonzentration) beträgt bei 25°C in reinem Wasser 7 (Neutralpunkt). Für alle Wässer ist der pH-Wert ein Maß für den Grad der Aggressivität (Angriffswirkung) auf Baustoffe, aber auch für die Wirkung auf Flora und Fauna im Flußwasser und in der Kläranlage. Der pH-Wert kann als erster und grundsätzlicher Hinweis auf die Wassergüte überhaupt gewertet werden. Er wird nicht nur durch Säuren bzw. Laugen selbst, sondern auch infolge der Hydrolyse gelöster Salze vom Wert 7 (bezogen auf 25°C) abweichen.

Salze aus Anionen schwacher Säuren und Kationen starker Basen erhöhen den pH-Wert, Salze aus Kationen schwacher Basen und Anionen starker Säuren erniedrigen ihn:

(1) $Na_2CO_3 + H_2O \rightleftharpoons CO_2 + 2\,Na^+ + 2OH^-$

(2) $CaCl_2 + 2\,H_2O \rightleftharpoons Ca(OH)_2 + 2\,Cl^- + 2\,H^+$

$CaCl_2$, $MgCl_2$ und $CaSO_4$ erniedrigen den pH-Wert (saure Reaktion), ebenso Fe- und Al-Salze der Schwefel-, Salpeter- oder Salzsäure.

Carbonate der Alkali- und Erdalkalimetalle reagieren basisch.

Häusliche Abwässer reagieren neutral bis leicht alkalisch, gewerbliche und industrielle Abwässer meist sauer oder auch seltener alkalisch (Beispiel: "Abfallbeizen" als saure Abwässer aus der Eisenverarbeitung).

In bezug auf Kläranlagen gelten folgende Auswirkungen des pH-Wertes auf die biologischen Reinigungsprozesse sowie auf die Baustoffe in Rohrleitungen und in der Kläranlage selbst:

pH kleiner als 5,0: stark betonschädigend
pH kleiner als 5,5: Erliegen der biologischen Reinigung
pH kleiner als 6,0: biologische Reinigung geht zurück
pH größer als 8,0: " " " "

In natürlichen Wässern liegt der pH-Wert zwischen 6,7 und 7,5; die Abweichungen von pH 7 werden hauptsächlich durch den Gehalt an freiem Kohlendioxid bzw. an Hydrogencarbonationen verursacht. Treten biogene Entkalkungen auf (s. 3.2.3), so kann der pH-Wert bis auf 9 erhöht sein. Der pH-Wert im Trinkwasser soll zwischen 6,5 und 8,5 liegen.

Bestimmungsmethode (1): Indikatorpapiere und -stäbchen

Die einfachste und schnellste Methode zur Bestimmung des pH-Wertes besteht darin, ein mit einem Farbindikator präpariertes Reagenzpapier in die Probe einzutauchen und den dabei auftretenden Farbton mit einer Skala zu vergleichen. Besonders vorteilhaft sind die sogenannten "nicht blutenden" Indikatorstäbchen, bei denen der Indikatorfarbstoff chemisch an die Cellulose des Papiers gebunden ist und daher nicht in die Probe ablaufen kann.

Im allgemeinen wird der pH-Wert zunächst mit Universalindikatorpapier auf etwa 1 Einheit genau ermittelt; eine exaktere Bestimmung (auf etwa 0,2 pH-Einheiten) ist mit speziellen Indikatorstäbchen möglich (Bereiche: pH 0-13 mit Abstufungen 0,2-0,3 Einheiten; pH 5,2-7,2 mit Abstufungen 0,1-0,3 Einheiten - Fa.Merck, Darmstadt).

Bestimmungsmethode (2): elektrometrisch

Diese Methode beruht auf der Messung der Potentialdifferenz, die sich in Abhängigkeit vom pH-Wert (d.h. der Wasserstoffionenkonzentration) der Probe zwischen der Meßelektrode (Glaselektrode) und einer Bezugselektrode (z.B. einer gesättigten Kalomel-Elektrode) ausbildet. Der pH-Wert kann auf 0,1 Einheiten, bei empfindlicheren Geräten auf 0,02-0,01 Einheiten genau bestimmt werden.

Bei der Durchführung der Messungen sind folgende Punkte zu beachten:

(a) Vor der Messung wird die Meßkette mit zwei Standard-Pufferlösungen geeicht; zwischen ihren pH-Werten (z.B. 5 und 7) sollte der pH-Wert der Probe liegen.

(b) Als weiterer Parameter muß die Temperatur der Probe bestimmt und am Meßgerät eingestellt werden.

(c) Der pH-Wert sollte am Anzeigeinstrument etwa eine Minute lang konstant sein.

(d) Auf Ölverschmutzungen muß besonders geachtet werden, da durch diese die Messungen mit der Glaselektrode stark beeinflußt werden.

Es empfehlen sich in allen Fällen Messungen am Ort der Probenahme mit einem transportablen pH-Meßgerät.
Weitere Einzelheiten zum Aufbau der Elektroden und zum Prinzip der Messung sind den Gerätebeschreibungen zu entnehmen.

Die Angabe der Ergebnisse erfolgt auf maximal 0,05 pH-Einheiten unter Berücksichtigung der Meßtemperatur.

3.2.2 SAUERSTOFFGEHALT

Sauerstoff ist für das Leben der tierischen und pflanzlichen Organismen im Wasser unerlässlich. Eine biochemische Selbstreinigung ("biologische Selbstreinigung"), d.h. ein Abbau organischer Stoffe durch Mikroorganismen, ist nur mit Hilfe von Sauerstoff möglich. In das Wasser gelangt Sauerstoff sowohl aus der Luft über die Wasseroberfläche (- der Übergang wird durch die Bewegung der Wasseroberfläche gefördert -) als auch aus chlorophyllhaltigen Lebewesen (grünen Pflanzen) infolge der Photosynthese (Kohlenstoffassimilation). Verbraucht wird der Sauerstoff durch die Atmung der meisten im Wasser lebenden Organismen.

Der Sättigungswert des Sauerstoffs hängt von der Temperatur des Wassers ab. Es gelten für einen Druck von 760 bar nach HÖLL (s. Kap. 5) folgende Konzentrationen:
(s. Anhang 2)

°C	0	5	10	15	20	25	30
mg/dm^3	14,16	12,37	10,92	9,76	8,84	8,11	7,53

Bei hoher pflanzlicher Produktion in Oberflächenwässern kann auch eine Übersättigung an Sauerstoff auftreten. In eisen- und manganhaltigen Wässern erfolgt bei ausreichender Sauerstoffzufuhr eine Ausflockung dieser Metalle als schwerlösliche Hydroxide.
Beim Transport von Wasser in eisernen Rohrleitungen sind mindestens 4 mg/dm^3 an Sauerstoff erforderlich, um eine Oxidschicht zu bilden (- diese schützt Eisen vor einem weiteren Angriff durch aggressive Kohlensäure: s. 3.2.3). Der für die Schutzschichtbildung optimale Sauerstoffgehalt ist weitgehend von der Carbonathärte abhängig.

Bestimmungsmethode (1): chemisch nach WINKLER

Die Bestimmung des Sauerstoffgehalts beruht auf mehreren Redox-Gleichungen:

1. Der im Wasser gelöste Sauerstoff wird dadurch "fixiert", daß er im alkalischen Medium Mn(II) zu Mn(IV) oxidiert, wobei Manganoxidhydrat ausfällt:

$$2\ Mn^{2+} + 2\ OH^- + O_2 \rightleftharpoons 2\ MnO(OH)_2$$

2. Der Niederschlag geht bei Behandlung mit starken Säuren in Form von Mn(III)-ionen in Lösung; diese oxidieren eine dem ursprünglich gelösten Sauerstoff äquivalente Menge an Iodid-Ionen:

$$2\ Mn^{3+} + 2\ I^- \rightleftharpoons 2\ Mn^{2+} + I_2$$

3. Das so gebildete Iod kann titrimetrisch mit einer Natriumthiosulfat-Lösung bestimmt werden:

$$I_2 + 2\ S_2O_3^{2-} \rightleftharpoons 2\ I^- + S_4O_6^{2-}$$

Der Endpunkt der Titration ist erreicht, wenn die bei Zugabe von Stärkelösung aufgetretene Blauviolettfärbung durch Iod(s.u.) verschwunden ist.

Durchführung

Geräte: 1 Klarglasflasche (110-130 cm^3 Inhalt) mit gut eingeschliffenem Glasstopfen (- das Volumen wird bei einer bestimmten Temperatur auf 0,1 cm^3 genau durch Auswägen bestimmt und auf der Flasche vermerkt-); zwei 100-cm^3-Bechergläser, ein 100-cm^3-Meßkolben, ein 1000-cm^3-Meßkolben, Glastrichter und Filterpapier, Pipetten: 2 x 0,5 cm^3, 1 x 2 cm^3
Mikrobürette
Plastikeimer (zum Transport der Probe), Schutzbrille

Reagenzien und Lösungen:

Mangan(II)-chlorid-Lösung: 8 g Mangan(II)chlorid in 10 cm^3 dest. Wasser

Natronlauge, kaliumiodidhaltig: 36 g Natriumhydroxid Plätzchen p.a., 20 g Kaliumiodid p.a. und 500 mg Natriumazid werden mit dest. Wasser im Meßkolben auf 100 cm^3 aufgefüllt (Schutzbrille !) und über Glaswolle filtriert.

Natriumhydrogencarbonat p.a.

Natriumthiosulfat-Lösung 0,01 N: 100 cm^3 0,1 N Natriumthiosulfat-Lösung (Titrisol) werden mit dest. Wasser im Meßkolben auf 1000 cm^3 aufgefüllt und zur Stabilisierung mit 0,2 g Natriumcarbonat-10-hydrat

krist. p.a. versetzt.
Zinkiodid-Stärke-Lösung p.a. (Merck, Darmstadt)
Phosphorsäure: ortho-Phosphorsäure min. 85% (etwa d: 1,71) p.a.

Vorbehandlung und Störungen:
Eisen(II)-ionen müssen getrennt bestimmt und bei der Berechnung berücksichtigt werden (1 mg Fe^{2+} je dm^3 entspricht einem Verbrauch von 0,14 mg/dm^3 O_2).
Eisen(III)-ionen: Zugabe von Phosphorsäure (s."Bestimmung")
Nitritionen: Zugabe von Natriumazid (im Natronlauge-Reagenz, s. "Bestimmung")
gelöste organische Stoffe ($KMnO_4$-Verbrauch größer als 60 mg/dm^3): Zugabe von festem Natriumhydrogencarbonat

Alle Störungen durch oxidierende und reduzierende Stoffe können durch Anwendung der Bestimmungsmethode (2) umgangen werden.

Bestimmung:
Eine Klarglasflasche wird bis zum Überlaufen mit dem zu untersuchenden Wasser gefüllt, wobei ein Eindringen von Luftblasen möglichst zu vermeiden ist. Mit einer Pipette werden auf den Boden der Flasche 0,5 cm^3 Mangan(II)-chlorid-Lösung und 0,5 cm^3 Natronlauge, kaliumiodidhaltig gegeben; gegebenenfalls werden noch 0,5 g festes Natriumhydrogencarbonat zugefügt (s."Störungen"). Die Flasche wird luftblasenfrei verschlossen, umgeschüttelt und bis zum Absetzen des Niederschlags im Dunkeln aufbewahrt; ein Transport ins Labor sollte unter Wasser (im Plastikeimer) erfolgen.
Im Labor wird die überstehende klare Flüssigkeit abgesaugt, der Niederschlag in 2 cm^3 Phosphorsäure gelöst und die verschlossene Flasche etwa 10 min lang im Dunkeln stehen gelassen. Danach wird die Lösung mit 0,01 N Natriumthiosulfat-Lösung titriert; gegen Ende der Titration, wenn die Lösung schwach gelb gefärbt ist, werden einige Tropfen Zinkiodid-Stärke-Lösung zugesetzt. Der Endpunkt der Titration ist erreicht, wenn die blauviolette Farbe der Iod-Stärke-Einschlußverbindung verschwunden ist. Eine später erneut auftretende Blau-

färbung wird nicht berücksichtigt.

Auswertung:

Der Sauerstoffgehalt wird in $mg/dm^3\ O_2$ angegeben:

$$mg/dm^3\ O_2 = a \cdot 80/(V - 1)$$

a = verbrauchte cm^3 an 0,01 N Natriumthiosulfat-Lösung
V = Volumen der Klarglasflasche in cm^3

Bestimmungsmethode (2): chemisch nach OHLE (Iod-Differenz-Verfahren)

Die Bestimmung erfolgt nach dem gleichen Prinzip wie die Methode (1), jedoch werden die störenden Einflüsse aller oxidierenden und reduzierenden Substanzen anhand einer Parallelprobe ohne Mangan(II)-Zusatz ermittelt.

Durchführung

Geräte: 2 Klarglasflaschen (Beschreibung s. Methode (1)), zwei 50-cm^3-Bechergläser, zwei 250-cm^3-Bechergläser, ein 1000-cm^3-Meßkolben, Glastrichter und Filterpapier, Pipetten: 1-, 3-, 8-, 10-, 20-, 100-cm^3, Plastikeimer (zum Transport der Proben), Schutzbrille

Reagenzien und Lösungen:

Iod-Lösung: Lösung A - 500 mg Iod doppelt sublimiert p.a. und 10 g Kaliumiodid p.a. in 8 cm^3 dest. Wasser

Lösung B - 35 g Natriumchlorid krist. p.a. in 100 cm^3 dest. Wasser; die Lösung wird filtriert; 5 cm^3 Lösung A werden mit 50 cm^3 Lösung B gemischt; 1 cm^3 enthält etwa 4 mg Iod und 80 mg KI.

Mangan(II)-chlorid-Magnesiumchlorid-Lösung:
10 g Mangan(II)-chlorid p.a. und 5 g Magnesiumchlorid p.a. werden in 20 cm^3 dest. Wasser gelöst; die Lösung wird filtriert.

Magnesiumchlorid-Lösung: 15 g Magnesiumchlorid p.a. in 20 cm^3 dest. Wasser; die Lösung wird filtriert.

Natronlauge, kaliumiodidhaltig: 20 g Natriumhydroxid Plätzchen p.a., 10 mg Kaliumiodid p.a., 300 mg Natriumazid in 40 cm^3 dest. Wasser (Schutzbrille !)
Natriumthiosulfat-Lösung 0,01 N: s. Methode (1)
Zinkiodid-Stärke-Lösung p.a. (Merck)
Salzsäure min. 25% (d etwa 1,125) p.a.

Bestimmung:

Zwei Klarglasflaschen, bezeichnet mit H (Hauptprobe) und P (Parallelprobe), werden bis zum Überlaufen mit dem zu untersuchenden Wasser gefüllt, wobei ein Eindringen von Luftblasen zu vermeiden ist. Mit einer Pipette wird auf den Boden der Flaschen je 1 cm^3 der Iod-Lösung gegeben; die Flaschen werden luftblasenfrei verschlossen, gut umgeschüttelt und, falls die Weiterbehandlung nicht gleich erfolgen kann, unter Wasser und im Dunkeln aufbewahrt.

Die Proben werden darauf mit folgenden Lösungen versetzt:

Hauptprobe H: 1,0 cm^3 Mangan(II)-chlorid-Magnesiumchlorid-Lösung,
1,0 cm^3 Natronlauge, kaliumiodidhaltig

Parallelprobe P: 1,0 cm^3 Magnesiumchlorid-Lösung,
1,0 cm^3 Natronlauge, kaliumiodidhaltig

Die Flaschen werden danach wieder luftblasenfrei verschlossen, umgeschüttelt und bis zum Absetzen des Niederschlags im Dunkeln aufbewahrt. Anschließend wird die überstehende klare Flüssigkeit abgesaugt und verworfen; der Niederschlag wird in 3 cm^3 Salzsäure gelöst und die Lösung wie unter Methode (1) beschrieben titriert.

Auswertung:

Der Sauerstoffgehalt wird in mg/dm^3 O_2 angegeben. Es gilt:

$$mg/dm^3\ O_2 = \left[\frac{(B - P)\cdot 1000}{V_P - 3} + \frac{(H - B)\cdot 1000}{V_H - 3}\right]\cdot 0{,}08$$

B = Blindwert der Iodlösung, titriert gegen 0,01 N Natriumthiosulfat-Lösung in cm^3

P = verbrauchte cm^3 Natriumthiosulfat-Lösung bei der Parallelprobe

H = verbrauchte cm^3 Natriumthiosulfat-Lösung bei der Hauptprobe

V_P = Volumen der Flasche P in cm^3

V_H = Volumen der Flasche H in cm^3

Wenn P größer als B ist, enthält die Wasserprobe Stoffe, die Iodidionen oxidieren.

Bestimmungsmethode (3): elektrometrisch

Die Bestimmung des Sauerstoffgehaltes kann auch mit einer Sauerstoffelektrode erfolgen, wobei die wesentlichen Vorteile gegenüber dem chemischen Verfahren in einer einfacheren Probenahme, einer schnelleren und bequemeren Durchführung und in einer höheren Meßgenauigkeit liegen.
Die Durchführung erfolgt analog zur Messung des pH-Wertes; nähere Einzelheiten zum Aufbau der Elektroden und zum Prinzip der Messung sind den Gerätebeschreibungen zu entnehmen.

3.2.3 HÄRTEBESTIMMUNGEN

Der Begriff der Härte entstand aus der Eigenschaft von Wässern, bei Anwesenheit von Calciumionen die Waschwirkung von Seifen vor allem durch die Bildung unlöslicher Kalkseifen (Calciumsalze höherer Fettsäuren, z.B. der Palmitinsäure) zu verringern. Als Härtebildner werden die im Wasser gelösten Calcium- und Magnesiumsalze zusammengefaßt (Strontium- und Bariumsalze können vernachlässigt werden):
z.B. als $Ca(HCO_3)_2$, $Mg(HCO_3)_2$, $CaCl_2$ und auch das weniger gut lösliche $CaSO_4$.
Die Summe dieser Salze wird als Gesamthärte bezeichnet.
Mit der temporären Härte (zeitweilige, vorübergehende Härte) oder Carbonathärte wird der Anteil an $Ca(HCO_3)_2$ und $Mg(HCO_3)_2$; mit der permanenten Härte (bleibende oder Sulfathärte) werden die Calcium- und Magnesiumsalze der Salz-, Schwefel-, Salpeter und auch Kieselsäure bzw. Phosphorsäure erfaßt.

Die temporäre Härte kann durch Erhitzen des Wassers unter Bildung von unlöslichen Carbonaten ($CaCO_3$: Kesselstein) beseitigt werden:

$$(1) \quad Ca(HCO_3)_2 \xrightleftharpoons{100\,^{\circ}C} CaCO_3 + CO_2 + H_2O$$

Die Härte des Wassers wird auf die Konzentration an Erdalkali-Ionen bezogen und in mval/l (veraltet) bzw. heute in mÄquivalent/dm^3, mmol/dm^3 (1 mval entspricht 2 mÄquivalent) oder Grad Deutscher Härte °dH (1 °dH = 10 mg/dm^3 CaO = 7,14 mg/dm^3 MgO) angegeben.
Es gilt folgender Zusammenhang:

56 mg/dm^3 CaO = 1 mmol/dm^3 = 2 mval/l = 5,6 °dH

Weitere Umrechnungen enthält die folgende Tabelle:

	mmol/dm^3	mval/l	°dH	ppm $CaCO_3$	engl. °e	franz. °f
mmol/dm^3	1,00	2,00	5,60	100,0	7,02	10,00
mval/l	0,50	1,00	2,80	50,0	3,51	5,00
°dH	0,18	0,357	1,00	17,8	1,25	1,78
ppm $CaCO_3$	0,01	0,020	0,056	1,00	0,0702	0,10

Trink- und Brauchwässer werden je nach Härtegrad zwischen "sehr weich" und "sehr hart" eingeordnet:

sehr weich: 0 - 4 °dH
weich: 4 - 8 °dH
mittel hart: 8 - 12 °dH
ziemlich hart: 12 - 18 °dH
hart: 18 - 30 °dH
sehr hart: mehr als 30 °dH

Calcium- und Magnesiumionen sind in fast allen natürlichen, unbelasteten Gewässern zu finden. Aus den Gesteinen Dolomit, Marmor und Kalkstein sowie Gips werden sie durch Kohlensäure in Form der Hydrogencarbonate in Lösung gebracht. Wässer aus Kalk-, Gips- und Dolomitgebieten weisen hohe Härtegrade bis mehr als 30 °dH auf, Wässer aus Buntsandsteingebieten dagegen enthalten nur geringe Mengen an Calcium- und Magnesiumsalzen. Oberflächenwässer haben im allgemeinen geringere Härtegrade als Grundwässer. In planktonreichen Seen und Teichen kann durch Kohlensäureassimilation der Planktonorganismen eine biogene Entkalkung stattfinden. Nach der deutschen Wasserstatistik wird von etwa 85 % aller Wasserwerke Trink- und Brauchwasser mit mehr als 5 Härtegraden abgegeben.

Unter Berücksichtigung der geologischen Verhältnisse gelten Wässer mit mehr als 25 °dH im allgemeinen als verunreinigt. Eine "Verhärtung" des Grundwassers kann z.B. aus Müllhalden erfolgen: Werden Mülldeponien durch versickerndes Regenwasser ausgelaugt, geben sie das durch die Fäulnis der Pflanzenbestandteile entstandene freie Kohlendioxid an das Grundwasser ab. In kalkhaltigen Böden erfolgt so die Kalkaufnahme nach der Gleichung:

(2) $CaCO_3 + H_2O + CO_2 \rightleftharpoons Ca(HCO_3)_2$ (Härteerhöhung)

Außerdem geraten Calciumsalze aus Düngemitteln in das Grundwasser.

Für den Transport von Trinkwasser in Rohrleitungen ist eine gewisse Wasserhärte erforderlich, da weiche Wässer keine Schutzschicht im Rohr bilden können und bei Anwesenheit aggressiver Kohlensäure Korrosionen stattfinden können.

Das im Wasser gelöste Kohlendioxid tritt in verschiedenen Formen auf: als gebundene Kohlensäure(x), die in Carbonaten und Hydrogencarbonaten vorliegt, und als freie Kohlensäure. Setzt man freie Kohlensäure mit Calciumcarbonat um, so wird sie in die gebundene Form überführt. Es besteht das in Gleichung (2) aufgeführte Gleichgewicht: Um eine Lösung von Calciumhydrogencarbonat aufrecht zu erhalten, ist eine aus dem Gleichgewicht zu berechnende Menge an CO_2 erforderlich, die zugehörige Kohlensäure. Es liegt ein Kalk-Kohlensäure-Gleichgewicht vor, wenn im Wasser gerade diese zur Stabilisierung erforderliche Menge an CO_2 vorhanden ist. Der darüber hinausgehende Anteil an CO_2 wird als überschüssige oder aggressive Kohlensäure bezeichnet.

Wässer mit hoher Carbonathärte können mehr freie Kohlensäure enthalten als solche mit geringer, bevor sie aggressiv werden. Ist kein oder wenig CO_2 vorhanden, so kann es leicht zu unerwünschten Kalkablagerungen kommen. Bei Trinkwässern, die weniger als 3 ^{o}dH besitzen, erfolgt eine Aufhärtung.

Erhöhte Magnesiumgehalte treten durch Abwässer der Kalisalzindustrie auf. Im Trinkwasser verursachen sie einen bitteren Geschmack im Zusammenwirken mit Chlorid- und Sulfationen. Zu hohe Wasserhärte führt zu Wassersteinablagerungen in Warmwasser- und Heizungsanlagen und ist wegen des geringeren Wärmeleitungsvermögens von $CaCO_3$ wärmetechnisch ungünstig. Im Haushalt werden Aroma von Kaffee und Tee durch die Wasserhärte beeinträchtigt; die menschliche Haut wird beim Waschen mit hartem Wasser spröde (Hautporen werden verstopft).

In bezug auf den Mineralstoffbedarf des Menschen werden Konzentrationen zwischen 20 und 60 mg/dm^3 an Ca^{2+} als günstig angesehen; im Trinkwasser sollen 280 mg/dm^3 an Ca^{2+} bzw. 125 mg/dm^3 an Mg^{2+} nicht überschritten werden.

(x) Kohlensäure als Lösung von CO_2 in Wasser; freie, gebundene, zugehörige und aggressive Kohlensäure als Begriffe in der Wasserchemie)

Bestimmungsmethode (1): Gesamthärte

Die Summe der gelösten Erdalkalien (Magnesium-, Calcium-, Strontium- und Bariumionen) wird durch komplexometrische Titration mit Titriplex III (Ethylendiamin-tetraessigsäure, Dinatriumsalz) bestimmt.

Durchführung

Geräte: 250-cm^3-Erlenmeyerkolben, 100-cm^3-Vollpipette, Mikrobürette

Reagenzien und Lösungen:

Ammoniaklösung min. 25 %ig (d: 0,91) p.a., Indikatorpuffertabletten zur Bestimmung der Wasserhärte mit Titriplex-Lösungen (Merck, Darmstadt), Titriplex-Lösung B (1 cm^3 ≙ 1 °dH) oder Titriplex-Lösung 0,1 oder 0,01 M (1 cm^3 für 100 cm^3 Probe entspricht 5,6 bzw. 0,56 °dH) (Merck)

nur bei Vorbehandlung:

1 N Salzsäure, Ionenaustauscher stark basisch (Cl^--Form, z.B. DOWEX), Triethanolamin, Hydroxylaminhydrochlorid p.a. oder Ascorbinsäure p.a., Kaliumcyanid, Formaldehydlösung 35 %ig stabilisiert mit 10% Methanol

Vorbehandlung bei Störungen:

Alkalisch reagierende Probe: mit 1 N HCl auf pH 6-8 einstellen

Phosphationen in hoher Konzentration: abtrennen mit einem stark basischen Ionenaustauscher (Cl^--Form; gegebenenfalls vorher mit NaCl-Lösung regenerieren)

Manganionen: Zugabe von Hydroxylaminhydrochlorid oder Ascorbinsäure (Spatelspitze), um eine Oxidation des Indikatorfarbstoffes durch Mn^{3+}-Ionen zu verhindern.

Eisen- und Manganionen: Zugabe von Triethanolamin

Kupferionen: Zusatz von 1-2 cm^3 Ammoniaklösung, einer Spatelspitze KCN, einer Indikatorpuffertablette und nach deren Auflösen von 1-2 Tropfen Formaldehydlösung.

Bestimmung:

Man pipettiert 100 cm^3 der gegebenenfalls vorbehandelten Wasserprobe in einen Erlenmeyerkolben und löst darin eine Indikatorpuffertablette. Nach Zugabe von 1-2 cm^3 Ammoniaklösung (min. 25%ig) wird mit einer der Titriplex-Lösungen (meist der 0,01 M-Lösung) bis zum Farbumschlag von rot über grau nach grün titriert.

Auswertung:

1 cm^3 Titriplex B-Lösung entspricht 1 °dH

1 cm^3 Titriplex 0,1 M entspricht 5,6 °dH

1 cm^3 Titriplex 0,01 M entspricht 0,56 °dH

Bestimmungsmethode (2): Carbonathärte

In einer wäßrigen Lösung von Kohlendioxid treten bei der Titration mit einer starken Säure zwei Pufferzonen im pH-Bereich von 5,0-7,8 und 9,0-11,6, bzw. pH-Sprünge bei pH 3-5 und 7,8-9,0 auf. Der erste Sprung wird durch den Farbumschlag von Methylorange angezeigt (m-Wert), der zweite durch den von Phenolphthalein (p-Wert).

1.Sprung: $H^+ + HCO_3^- \rightleftharpoons H_2O + CO_2$

2. Sprung: $H^+ + CO_3^{2-} \rightleftharpoons HCO_3^-$

Die Summe des gelösten Kohlendioxids wird mit Q_c (auch als anorganischer Kohlenstoff) bezeichnet:

$$Q_c = c_{CO_2} + c_{HCO_3^-} + c_{CO_3^{2-}}$$

Die pH-Sprünge sind je nach Art und Konzentration der im Wasser enthaltenen puffernden Substanzen mehr oder weniger deutlich ausgeprägt. Um reproduzierbare Ergebnisse zu erhalten, hat man sich auf die Titration bis zu bestimmten pH-Werten geeinigt: pH 4,3 : m-Wert - pH 8,2 : p-Wert.
Substanzen mit Pufferwirkung wie Humussäuren, Phosphorsäure und deren Ionen können einen schleppenden pH-Sprung bewirken. Ausführliche Darstellungen und Berechnungen zur Carbonathärte

sind in den "DEUTSCHEN EINHEITSVERFAHREN" (DEV) und in der Monographie von HÜTTER (s. Kap. 5) enthalten.

Durchführung

Geräte: wie bei Bestimmungsmethode (1)

Reagenzien und Lösungen:

Phenolphthaleinlösung: 500 mg Phenolphthalein in 50 cm^3 Ethanol lösen

Mischindikatorlösung: Eine Lösung von 60 mg Methylrot Natriumsalz Indikator in 10 cm^3 dest. Wasser wird mit einer Lösung von 40 mg Methylenblau B in 40 cm^3 dest. Wasser gemischt.

0,1 N Salzsäure oder 0,1 N Schwefelsäure (Titrisole)

Bestimmung:

100 cm^3 der Wasserprobe werden in einen Erlenmeyerkolben pipettiert und mit drei Tropfen Phenolphthaleinlösung versetzt. Falls eine Rotfärbung auftritt, wird zunächst mit 0,1 N Salz- oder Schwefelsäure bis zum Verschwinden der Färbung titriert.

Die Probe wird dann mit zwei Tropfen Mischindikatorlösung versetzt und bis zum Farbumschlag von grün über graugrün nach violett titriert.

Auswertung:

p = verbrauchte cm^3 0,1 N Säure bis zum Farbumschlag von Phenolphthalein

m = insgesamt verbrauchte cm^3 0,1 N Säure bis zum Farbumschlag des Mischindikators

Die Carbonathärte (c) wird aus den p- und m-Werten folgendermaßen berechnet:

wenn $2p \leq m$: $c = m$

$2p > m > p$: $c = 2 \cdot (m-p)$

$p = m$: $c = 0$ in Milliäquivalenten Erdalkaliionen pro Kubikdezimeter Wasserprobe

Ist der Wert für die Carbonathärte größer als der für die Gesamthärte, so enthält die Probe mehr Äquivalente an Carbonat- und Hydrogencarbonationen als an Erdalkaliionen; als

Carbonathärte c wird dann die Gesamthärte angegeben.

Nichtcarbonathärte

Die Nichtcarbonathärte entspricht der Differenz zwischen Gesamthärte und Carbonathärte.

korrespondierende Versuche:

Bestimmung der Leitfähigkeit
" des Salzgehaltes

3.2.4 GESAMTSALZGEHALT

Der Gesamtsalzgehalt in einem Wasser wird zum einen Teil durch den Gehalt an Calcium- und Magnesiumsalzen, die in der Härte zusammengefaßt sind, zum anderen von weiteren löslichen Salzen wie vorwiegend Alkalisalzen bestimmt. Diese Gesamtmenge an Salzen in Milliäquivalenten/Kubikdezimeter bezogen auf Kationen der elektrochemischen Wertigkeit +1 gibt im Vergleich zur Härte einen Anhaltspunkt über weitere Belastungen durch anorganische Salze (z.B. durch Abwässer der Kaliindustrie). Bei der Interpretation dieses Wertes müssen aber auch die geologischen Gegebenheiten der Region berücksichtigt werden.

Bestimmungsmethode

Die Bestimmung der Salzkonzentration erfolgt durch Ionenaustausch und Säuretitration. Ein stark saurer Kationenaustauscher besteht aus einer organischen Matrix (Polystyrol, Cellulose), die als austauschfähige Einheiten Sulfonsäuregruppen ($-SO_3H$) enthält. Diese Gruppen binden die gelösten Metallionen Me^{n+} und setzen dafür H^+-Ionen frei:

$$n\ R{-}SO_3H + Me^{n+} \rightleftharpoons (R{-}SO_3)_nMe + n\ H^+$$

Die H^+-Ionen werden durch Titration mit Natronlauge bestimmt.

Durchführung

Geräte: Ionenaustauschersäule (Glassäule), Glaswatte, pH-Papier, 250-cm^3-Erlenmeyerkolben, 100-cm^3-Vollpipette, Mikrobürette

Reagenzien: Kationenaustauscher Dowex 50 W X 8, Mischindikator M (Merck)

Lösungen: 0,1 N Natronlauge (Titrisol), 12 %ige Schwefelsäure p.a.

Herstellung der Austauschersäule:

Etwa 5 cm^3 Austauscher (Dowex 50 W X 8) werden mit dest. Wasser vorgequollen und nach etwa 30 Minuten langsam unter Klopfen am Glasrohr in die Austauschersäule gegeben. Zur Regeneration des Austauschers, d.h. zur quantitativen Überführung in die H^+-Form, läßt man etwa 20 cm^3 12 %iger Schwefelsäure durch die Säule laufen (Geschwindigkeit etwa 20 Tropfen pro Minute) und wäscht anschließend mit dest. Wasser; die Säule ist gebrauchsfertig, wenn der Durchlauf den gleichen pH-Wert wie das dest. Wasser aufweist.

Bestimmung der Salzkonzentration:

100 cm^3 der filtrierten Wasserprobe werden auf die Säule gegeben (Durchlaufgeschwindigkeit etwa 2o Tropfen pro Minute). Anschließend wird zweimal mit je 1o cm^3 dest. Wasser gewaschen und der gesamte Durchlauf mit 0,1 N Natronlauge gegen den Mischindikator M titriert.
Bei konzentrierten Salzlösungen muß die Kapazität des Austauschers berücksichtigt werden: Die eingesetzte Kationenmenge im Wasser muß innerhalb der Durchbruchskapazität von etwa 0,9 Milliäquivalenten pro cm^3 Austauscher liegen.

Auswertung

Das Ergebnis wird auf einwertige Kationen (wie Na^+) bezogen; es ist auch eine Angabe in mg NaCl möglich:

1 cm^3 0,1 N NaOH entspricht 2,299 mg Na^+ (5,844 mg NaCl)
bzw. 22,99 mg Na^+ (58,44 mg NaCl)
je dm^3 Wasser

korrespondierende Bestimmungen

Bestimmung der Leitfähigkeit (3.2.6)
" der Härte (3.2.3)
" der Chlorid-Konzentration (3.4.1)
" der Sulfat-Konzentration (3.4.2)
" des Abdampfrückstandes (3.2.5)

3.2.5 ABDAMPFRÜCKSTAND UND GLÜHRÜCKSTAND

Im Abdampfrückstand werden anorganische und organische Inhaltsstoffe des Wassers erfaßt, die bei Temperaturen bis 120°C (bzw. bis 180°C) nicht flüchtig bzw. nicht zersetzlich sind.
Wird dieser Abdampfrückstand auf dunkle Rotglut (600-650°C) erhitzt, so machen sich z.B. Eiweißstoffe durch Gerüche und ganz allgemein erhöhte Gehalte an organischen Stoffen durch eine Dunkelfärbung des Abdampfrückstandes kurz vor dem Durchglühen (Bildung von Kohlenstoff) bemerkbar. Der Glührückstand soll rein weiß sein (Ausnahme: eisenreiche Wässer).
Der Glühverlust (Abdampfrückstand minus Glührückstand) ist bedingt durch die organischen Substanzen und durch die Zersetzung anorganischer Salze wie Nitrate, Carbonate und Hydrogencarbonate.
Sind in einer Wasserprobe (z.B. einem Abwasser) ungelöste Stoffe vorhanden, so ermittelt man in der unfiltrierten Probe den Gesamtrückstand und im Filtrat den Abdampfrückstand der gesamten gelösten Stoffe. In der Mineralwasseranalyse und bei Kesselwässern wird die Trocknung des Abdampfrückstandes bei 180°C (s.o.) durchgeführt.

Bestimmungsmethode (1): Gesamtrückstand

Die Wasserprobe wird eingedampft und der Rückstand durch Differenzwägung bestimmt.

Durchführung

Geräte:	Porzellanschale (Ø etwa 12-15 cm), Bunsenbrenner, Dreifuß, Asbestnetz und Becherglas oder Wasserbad, 100-cm^3-Vollpipette, Exsikkator

Bestimmung:
Die Porzellanschale wird etwa eine Stunde lang bei 110°C (oder 180°C) im Trockenschrank aufbewahrt, im Exsikkator abgekühlt und auf 0,1 mg genau gewogen. Darin werden 100 cm^3 der Wasserprobe eingedampft (Wasserbad); Rückstand und Porzel-

lanschale werden wie oben beschrieben getrocknet, abgekühlt und auf 0,1 mg genau ausgewogen. Die Auswaage sollte nach weiterer Trocknung hinreichend konstant sein (Abweichungen unter 10%). Die Menge des Rückstandes entspricht der Differenz zur Auswaage der Porzellanschale ; sie sollte zwischen 20 und 1000 mg liegen, andernfalls ist ein größeres bzw. kleineres Probevolumen einzudampfen.

Auswertung:
Gesamtrückstand $G = (b - a) \cdot 1000/V$ in mg/dm^3

a = Auswaage der Porzellanschale in mg
b = Auswaage von Porzellanschale und Rückstand in mg
V = Volumen der Wasserprobe

Bestimmungsmethode (2): Abdampfrückstand

Methode (1) wird auf eine vorher filtrierte Wasserprobe angewendet.

Durchführung

Geräte: wie in Bestimmungsmethode (1), außerdem: Wasserstrahlpumpe, Saugflasche, Büchner-Trichter, Membranfilter (Porenweite ca. 0,5 µm)

Bestimmung:
200 cm^3 der Wasserprobe werden über ein Membranfilter gegeben (unter Vakuum abgesaugt) und 100 cm^3 des Filtrats wie unter Methode (1) beschrieben weiter behandelt.

Auswertung: s.o.

Der nach den Methoden (1) oder (2) erhaltene Rückstand kann für Spurenbestimmungen oder zur Aufnahme eines IR-Spektrums weiter eingesetzt werden.

Bestimmungsmethode (3): Glührückstand

Der Gesamt- oder Abdampfrückstand wird auf 550°C zur Veraschung organischer Bestandteile erhitzt. Anorganische Bestandteile (Ca- u. Mg-carbonat) werden bei dieser Temperatur kaum zersetzt.

Durchführung

Geräte: Porzellanschale wie für Methode (1), jedoch vorgeglüht, Exsikkator, Muffelofen; 5-cm^3-Meßpipette

Reagenz: Ammoniumnitrat

Lösung: 10%ige wäßrige Lösung von Ammoniumnitrat

Bestimmung:

Die als Abdampf- oder Gesamtrückstand gewonnene Probe wird im Muffelofen vorsichtigt verascht (Aufheizen des Muffelofens auf 550°C) und nach dem Erreichen von 550°C 30 Minuten geglüht. Sind im Rückstand schwarze (unverbrannte) Anteile erkennbar, so wird der Rückstand mit 1-2 cm^3 (oder auch mehr) Ammoniumnitrat-Lösung versetzt und nochmals geglüht. Nach dem Abkühlen im Exsikkator erfolgt die Wägung.

Auswertung:

$$\text{Glührückstand} = (c - a) \cdot 1000/V \quad \text{in } g/dm^3$$

$$\text{Glühverlust} = \frac{b - c}{b - a} \cdot 100 \quad \text{in } \%$$

a: Gewicht der Porzellanschale (vorgeglüht) in g

b: Gewicht der Porzellanschale mit Abdampf- bzw. Gesamtrückstand in g

c: Gewicht der Porzellanschale mit Glührückstand in g

V: Volumen der Wasserprobe in cm^3

korrespondierende Bestimmungen:

Bestimmung der Härte (3.2.3)
" des Gesamtsalzgehaltes (3.2.4)
" der Leitfähigkeit (3.2.6)
" der Chlorid-Konzentration (3.4.1)
" der Sulfat-Konzentration (3.4.2)

3.2.6 LEITFÄHIGKEIT

Der Meßwert der elektrischen Leitfähigkeit (Leitwert) ist ein sogenannter Summenparameter für gelöste, dissoziierte chemische Substanzen (Elektrolyte). Die Größe der Leitfähigkeit hängt von der Konzentration, dem Dissoziationsgrad der anorganischen oder organischen Elektrolyte, der elektrochemischen Wertigkeit der gebildeten Ionen und von der Temperatur der Lösung sowie von der Wanderungsgeschwindigkeit der Ionen in einem elektrischen Feld ab.

Leitfähigkeitsmessungen werden zur Kontrolle von Wasserreinigungsanlagen (Wasserentsalzung durch Ionenaustausch: Gewinnung entionisierten Wassers) eingesetzt: Reines Wasser weist bei 18°C einen Wert von 0,04 $\mu S\ cm^{-1}$, destilliertes Wasser von 0,3 $\mu S\ cm^{-1}$ auf (spezifische Leitfähigkeit, s. Bestimmungsmethode). Weitere Anwendung findet die Messung der Leitfähigkeit in der Kontrolle von Vorflutern (Trinkwassergewinnung), von Flußläufen, die wechselnde Mengen an Abwasser aufnehmen ("Flußversalzung"),und von Grundwasser, das durch Oberflächenwasser beeinflußt werden kann.

In Küstengebieten kann durch Leitfähigkeitsmessungen schnell ein Urteil über den Salzgehalt des Gewässers in verschiedenen Tiefen abgegeben werden, um festzustellen, bis zu welcher Tiefe das salzarme Wasser reicht, das auf einer Schicht von Salzwasser lagert. In Süßwasserseen lassen sich Anhaltspunkte für unterschiedliche Mineralstoffkonzentrationen gewinnen.

Bestimmungsmethode

Die Bestimmung der Leitfähigkeit erfolgt mit einem speziellen Meßgerät (Konduktometer). Da die eigentliche Meßgröße, der Leitwert L, von der Zellkonstante C der Meßzelle abhängt, wird sie auf die spezifische Leitfähigkeit $\varkappa$ umgerechnet:
Bei einem Elektrodenabstand von 1 cm und einer Elektrodenoberfläche von q cm^2 gilt:

$$C = 1/q \qquad 1/cm$$
$$\varkappa = L \cdot C = L \cdot 1/q \qquad 1/(\Omega \cdot cm)$$

Für $1/\Omega$ ist die Einheit Siemens (S) gebräuchlich, so daß die spezifische Leitfähigkeit in S/m (bzw. mS/m oder µS/cm, $1\ \mu S\ cm^{-1} = 0{,}1\ mS\ m^{-1}$) angegeben wird.
Die Zellkonstante C ist im allgemeinen auf der Meßzelle angegeben; es empfiehlt sich jedoch, sie mit zwei Standardlösungen zu überprüfen (s.u.).

Durchführung

Geräte: Konduktometer mit Meßzelle, Thermometer, $100\text{-}cm^3$-Becherglas

Bestimmung:
Die Messung sollte bei 20° C erfolgen; andernfalls ist das Ergebnis auf diese Temperatur umzurechnen (die Korrekturfaktoren F_t sind im allgemeinen in der Bedienungsanleitung für das Konduktometer tabelliert).
Becherglas und Meßzelle werden mehrmals mit dem zu untersuchenden Wasser gespült. Zur Messung werden die Meßzelle und das Thermometer in die Probe eingetaucht; der Leitwert L sollte bei zwei aufeinanderfolgenden Messungen um höchstens 2% vom Mittelwert abweichen.

Auswertung:

$\varkappa_{20} = C \cdot L_{20}$ (Messung bei 20° C)

$\varkappa_{20} = C \cdot L_t \cdot F_t$ (Messung bei $t \neq 20°$ C)

in $\mu S\ cm^{-1}$

Überprüfung der Zellkonstante C

Geräte: wie oben, außerdem: $1000\text{-}cm^3$-Meßkolben, zwei $1000\text{-}cm^3$-Kunststoff-Flaschen

Reagenzien und Lösungen:

Kaliumchlorid p.a., etwa 10 h bei 105° C getrocknet

Kaliumchlorid-Lösung A ($0{,}1\ mol/dm^3$): 7,456 g getrocknetes KCl p.a. werden bei 20° C mit dest. Wasser imn Meßkolben auf $1000\ cm^3$ aufgefüllt; die Temperatur der Lösung sollte 20° C betragen;

Kaliumchlorid-Lösung B ($0{,}01\ mol/dm^3$): $100\ cm^3$ von Lösung A werden mit dest. Wasser auf $1000\ cm^3$ aufge-

füllt (Meßkolben).
Beide Lösungen werden in Kunststoff-Flaschen aufbewahrt.

Bestimmung von C:

Die beiden Kaliumchlorid-Lösungen werden wie oben beschrieben gemessen.

Auswertung:

C entspricht dem Mittelwert der beiden Ergebnisse (gerundet auf 0,01 cm^{-1}):

$$C = (C_A + C_B)/2 ,$$

wobei $C_A = \varkappa_{20}(A) / L_{20}(A) = 11{,}676 / L_{20}(A)$

und $C_B = \varkappa_{20}(B) / L_{20}(B) = 1{,}278 / L_{20}(B)$ in cm^{-1}

sind.

korrespondierende Versuche:

Bestimmung der Härte (3.2.3)
" des Gesamtsalzgehaltes (3.2.4)
" des Abdampfrückstandes (3.2.5)
" der Chlorid-Konzentration (3.4.1)
" der Sulfat-Konzentration (3.4.2)

3.2.7 KALIUMPERMANGANAT-VERBRAUCH/CHEMISCHER SAUERSTOFF-BEDARF

Viele organische und bestimmte anorganische Stoffe werden durch Kaliumpermanganat mehr oder weniger stark oxidiert. Das Ausmaß der Oxidation ist abhängig von der Art der Stoffe, der Konzentration des Oxidationsmittels, dem pH-Wert der Lösung sowie der Temperatur und der Reaktionszeit. Diese Methode zur Erfassung organischer Wasserinhaltsstoffe wird bereits seit der Mitte des 19. Jahrhunderts angewendet. Sie ermöglicht eine Beurteilung der Belastung durch organische Substanzen nur bei Wässern natürlichen Ursprungs. Eine Reihe organischer Substanzen, die in Industrieabwässern vorhanden sein können, wie Ketone, Ether, Aminosäuren, Säureamide, gesättigte Carbonsäuren (außer der Oxalsäure), werden nicht oder nur teilweise erfaßt. Anorganische Stoffe wie Eisen(II)-verbindungen, Chloride und Sulfide verbrauchen ebenfalls Kaliumpermanganat.

Die chemische Oxidierbarkeit unter genau einzuhaltenden Versuchsbedingungen wird entweder in mg/dm^3 $KMnO_4$-Verbrauch oder in mg/dm^3 Sauerstoffverbrauch (aus $KMnO_4$) angegeben.

(1) $MnO_4^- + 5\,e + 8\,H^+ \rightleftharpoons Mn^{2+} + 4\,H_2O$

für Oxalsäure:

(2) $2\,MnO_4^- + 5\,C_2O_4^{2-} + 16\,H^+ \rightleftharpoons 2\,Mn^{2+} + 8\,H_2O + 10\,CO_2$

Es empfiehlt sich, diese Methode der Permanganat-Oxidation zur Ermittlung des chemischen Sauerstoffbedarfs nur für gering verschmutzte Oberflächenwässer und für Trinkwässer anzuwenden. Die Vollständigkeit und die Art der dabei stattfindenden Oxidationsreaktionen werden hierbei nicht berücksichtigt. Der $KMnO_4$-Verbrauch als Kennzahl für den Reinheitsgrad einer Wasserprobe ist daher nur als Richtwert anzusehen.

Es gelten für

reine Quell- und Grundwässer: 3-8 mg/dm^3 ($KMnO_4$)
Trinkwasser: mehr als 12 mg/dm^3 bedenklich
reine Oberflächenwässer: 8-12 mg/dm^3
mäßig verunreinigte Flüsse: 20-35 mg/dm^3.

Da durch die $KMnO_4$-Oxidation organische Verunreinigungen jedoch nur unvollständig erfaßt werden - in Trink- und Oberflächenwasser werden nur etwa 25 % der zur vollständigen Oxidation notwendigen Sauerstoffmenge verbraucht - wird heute die Oxidation mit Kaliumdichromat ($K_2Cr_2O_7$) in stark saurer Lösung bevorzugt:

(3) $Cr_2O_7^{2-} + 14\ H^+ + 6\ e \rightleftharpoons 2\ Cr^{3+} + 7\ H_2O$

Die Prüfung der Oxidationswirkung in Gegenwart von Hg- oder Ag-Sulfat auf die verschiedensten Modellsubstanzen und Abwässer hat ergeben, daß fast alle untersuchten Stoffe zu 95-98 % zu CO_2 und H_2O abgebaut werden - nicht oxidiert werden Pyridin, einige andere N-haltige Heterocyclen, ebenso die kaum wasserlöslichen Kohlenwasserstoffe.

Die mit dieser Methode ermittelten Werte an Sauerstoffverbrauch (aus dem Kaliumdichromat) können mit dem zur vollständigen Oxidation notwendigen Sauerstoffbedarf annähernd gleichgesetzt werden.

Die auf Sauerstoff umgerechnete Menge an Oxidationsmittel wird als chemischer Sauerstoffbedarf (CSB) bezeichnet und ist ein Maß für die Summe der organischen Verunreinigungen. Der CSB-Wert gestattet jedoch nicht die mengenmäßige Berechnung organisoher Stoffe, wenn deren Elementzusammensetzung nicht bekannt ist. Für häusliche und ähnlich zusammengesetzte Abwässer gilt als Richtwert 1,2 mg CSB je mg Substanz. Einige Beispiele zeigen die Unterschiede je nach Substanz:

CSB-Wert je mg Substanz

Oxalsäure	0,18	Albumin	1,32
Glucose	1,07	Casein	1,39
Essigsäure	1,07	Phenol	2,38

Weitere Zusammenhänge zwischen CSB- und $KMnO_4$-Werten sind der Monographie von LEITHE - Die Analyse der organischen Verunreinigungen in Trink-, Brauch- und Abwässern - zu entnehmen (s. Kap. 5).

Bestimmungsmethode $KMnO_4$-Verbrauch (1)

Die Bestimmung des $KMnO_4$-Verbrauchs erfolgt titrimetrisch: Die Probe wird mit einem gemessenen Volumen einer genau eingestellten $KMnO_4$-Lösung im Überschuß versetzt; die durch die Oxidation nach Gleichung 1 nicht verbrauchte Menge wird mit Oxalsäure reduziert (Gleichung 2). Setzt man dafür das gleiche Volumen einer Oxalsäure-Lösung gleicher Normalität ein, so entspricht die übriggebliebene Menge an Oxalsäure der zur Oxidation verbrauchten Menge an $KMnO_4$ (dem $KMnO_4$-Verbrauch der Probe) und kann durch die Rücktitration mit $KMnO_4$ bestimmt werden (Methode der Manganometrie).

Durchführung

Geräte: 300-cm^3-Enghals-Erlenmeyerkolben, 2 Bechergläser, je eine 5-cm^3- bzw. 100-cm^3-Vollpipette, zwei 15-cm^3-Vollpipetten, zwei 1-dm^3-Meßkolben, Mikrobürette, 100 cm^3-Meßzylinder; Bunsenbrenner, Dreifuß, Asbestnetz (oder Magnetrührer mit Heizplatte)

Reagenzien und Lösungen:

Kaliumpermanganat-Lösung 0,01 N:
Titrisol oder 100 cm^3 $KMnO_4$-Lösung 0,1 N im Meßkolben mit dest. Wasser auf 1 dm^3 auffüllen - Der Titer dieser Lösung sollte täglich wie folgt bestimmt werden: Eine nach dem weiter unten beschriebenen Verfahren austitrierte Probe wird mit 15 cm^3 Oxalsäurelösung versetzt und mit der $KMnO_4$-Lösung zurücktitriert; aus dem Verbrauch x, der zwischen 14,5 und 15,5 cm^3 liegen sollte, berechnet man den Faktor f der $KMnO_4$-Lösung mit $f = 15/x$.

Oxalsäure-Lösung 0,01 N:
Titrisol oder 100 cm^3 Oxalsäure-Lösung 0,1 N (Einwaage von Oxalsäure) im Meßkolben auf 1 dm^3 auffüllen

Schwefelsäure (etwa d: 1,27):
10 cm^3 Schwefelsäure 95-97 %ig (etwa d: 1,84) werden vorsichtig zu 30 cm^3 dest. Wasser gegeben; die noch heiße Lösung wird mit 0,01 N $KMnO_4$-Lösung bis zur eben auftretenden Rosafärbung versetzt.

Verdünnungswasser:
100 cm^3 dest. Wasser werden mit etwa 10 cm^3 der Schwefelsäure angesäuert, gekocht und noch heiß bis zur eben auftretenden Rosafärbung mit 0,01 N $KMnO_4$-Lösung versetzt.

Vorbehandlung und Störungen:
Die Bestimmung sollte möglichst bald nach der Probenahme erfolgen. Die Erlenmeyerkolben werden vor Gebrauch mit $KMnO_4$-Lösung (etwa zehnfache Verdünnung der zur Titration benutzten 0,01 N Lösung) unter Ansäuern mit Schwefelsäure ausgekocht und vor Staub geschützt aufbewahrt.
Folgende anorganische Stoffe verursachen Störungen:
Schwefelwasserstoff, Sulfid- und Nitritionen werden durch Zugabe von Schwefelsäure und Kochen der Probe (s."Bestimmung") entfernt. Eisen(II)ionen werden getrennt bestimmt, ihre Konzentration auf mg $KMnO_4$ umgerechnet (s. "Auswertung") und vom Ergebnis abgezogen.
Chloridionen bis zu 300 mg/dm^3 stören die Bestimmung nicht; bei höheren Konzentrationen muß die Probe verdünnt oder nach Bestimmungsmethode (2) untersucht werden.

Bestimmung:
100 cm^3 der Wasserprobe werden in einen (vorbehandelten) Erlenmeyerkolben pipettiert, mit 5 cm^3 der Schwefelsäure versetzt und rasch erhitzt. Zu der siedenden Lösung werden 15 cm^3 0,01N $KMnO_4$-Lösung pipettiert. Der Kolben wird mit einem Uhrglas oder umgestülpten Glastrichter abgedeckt und die Lösung nach genau 10 Minuten gleichmäßigem, schwachem Sieden mit 15 cm^3 0,01 N Oxalsäure-Lösung versetzt und bis zur vollständigen Entfärbung weiter erhitzt. Die heiße Lösung wird mit 0,01 N $KMnO_4$-Lösung bis zur eben auftretenden, etwa 30 Sekunden beständigen Rosafärbung titriert. Dabei sollte der Verbrauch zwischen 3 und 10 cm^3 liegen. Wenn er höher ist oder wenn die Lösung vor der Zugabe der Oxalsäure-Lösung bereits entfärbt war, wird die Bestimmung mit einem kleineren Probevolumen wiederholt, das mit Verdünnungswasser auf 100 cm^3 aufgefüllt wurde.

Bestimmungsmethode $KMnO_4$-Verbrauch (2)
(für Chlorid-Konzentrationen über 300 mg/dm^3)

Durchführung

Geräte: wie Bestimmungsmethode (1), außerdem 0,5-cm^3-Pipette (oder graduierte 1-cm^3-Pipette)

Reagenzien und Lösungen:
wie Bestimmungsmethode (1), außerdem Natronlauge min. 32%ig (d: 1,35) p.a.

Vorbehandlung und Störungen:
Schwefelwasserstoff, Sulfid- und Nitrit- sowie Eisen(II)ionen stören die Bestimmung durch den Verbrauch von $KMnO_4$-Lösung; ihre Konzentrationen werden getrennt ermittelt, umgerechnet und vom Ergebnis abgezogen (s. "Auswertung").

Bestimmung:
100 cm der Wasserprobe werden mit 0,5 cm^3 der Natronlauge versetzt und schnell erhitzt. Nach dem Zupipettieren der jeweils 15 cm^3 an Kaliumpermanganat-Lösung und Oxalsäure-Lösung wie nach Bestimmungsmethode (1) werden 5 cm^3 Schwefelsäure zugegeben. Die Rücktitration erfolgt wie in Methode (1).

Auswertung für Bestimmungsmethoden (1) und (2):
Der $KMnO_4$-Verbrauch wird in mg/dm^3 $KMnO_4$ angegeben.

Umrechnung: $$mg/dm^3\ KMnO_4 = \frac{[(15 + a)\cdot f - 15]\cdot 316}{b}$$

a: cm^3 0,01 N $KMnO_4$-Lösung, die zur Rücktitration verbraucht wurden
b: eingesetzte cm^3 der Wasserprobe,
f: Faktor der $KMnO_4$-Lösung

Vom Ergebnis sind gegebenenfalls abzuziehen:

für 1 mg/dm^3	Fe^{2+}	:	0,57 mg/dm^3 $KMnO_4$
	NO_2^-	:	1,37
	H_2S	:	1,86

Bestimmungsmethode $K_2Cr_2O_7$-Verbrauch (1)

(für CSB größer als 70 mg/dm^3)

Der Kaliumdichromat-Verbrauch wird analog zum $KMnO_4$-Verbrauch bestimmt: Die Probe wird mit einer gemessenen Menge einer genau eingestellten $K_2Cr_2O_7$-Lösung im Überschuß versetzt. Der zur Oxidation der anwesenden organischen Substanzen nicht verbrauchte Anteil wird durch die Rücktitration mit einer Ammoniumeisen(II)sulfat-Lösung mit Ferroin als Indikator ermittelt:

$$Cr_2O_7^{2-} + 6\ Fe^{2+} + 14\ H^+ \rightleftharpoons 2\ Cr^{3+} + 6\ Fe^{3+} + 7\ H_2O$$

Durchführung

Geräte: 250-cm^3-Rundkolben mit Schliff, Rückflußkühler, Glasperlen; Pipetten: 10-cm^3, 20-cm^3; Bechergläser, Mikrobürette, 100-cm^3-Meßkolben, 1000-cm^3-Meßkolben

Reagenzien und Lösungen:

Ammoniumeisen(II)sulfat-Lösung 0,1 N: 39,21 g $(NH_4)_2FeSO_4 \cdot 6\ H_2O$ p.a. werden in dest. Wasser gelöst, mit 20 cm^3 Schwefelsäure (etwa d: 1,84) versetzt, abgekühlt und mit dest. Wasser im Meßkolben auf 1000 cm^3 aufgefüllt. Der Titer dieser Lösung muß täglich wie folgt bestimmt werden: Eine nach dem weiter unten beschriebenen Verfahren austitrierte Wasserprobe wird mit 10 cm^3 0,25 N $K_2Cr_2O_7$-Lösung versetzt und mit der Ammoniumeisen(II)sulfat-Lösung bis zum gleichen Farbumschlag titriert. Aus dem Verbrauch x berechnet man den Faktor f der Lösung nach $f = 25/x$.

Kaliumdichromat-Lösung 0,25 N: 12,258 g getrocknetes (2 h bei 105°C im Trockenschrank) $K_2Cr_2O_7$ p.a. werden im Meßkolben mit dest. Wasser auf 1000 cm^3 aufgefüllt.

Quecksilber(II)sulfat p.a.

Schwefelsäure, silbersulfathaltig: 1 g Ag_2SO_4 p.a. wird in 100 cm^3 Schwefelsäure (etwa d: 1,84) p.a. gelöst.

Ferroin-Lösung: 1/40 M, 1,10-Phenanthrolin-eisen(II)-salzlösung als Redoxindikator (Merck)

Vorbehandlung und Störungen:
Die Bestimmung sollte möglichst bald nach der Probenahme erfolgen.
Die Glasgeräte (Kolben, Rückflußkühler) bzw. deren Schliffe dürfen nicht gefettet werden.
Störungen durch Chloridionen werden durch Zusatz von Quecksilberionen (als $HgSO_4$, s. "Bestimmung") verhindert.

Bestimmung:
20 cm^3 der Wasserprobe werden in einem 250-cm^3-Rundkolben mit 10 cm^3 0,25 N Kaliumdichromat-Lösung, 0,4 g $HgSO_4$ und 40 cm^3 Schwefelsäure, silbersulfathaltig, versetzt. Nach der Zugabe von Siedeperlen wird die Mischung 10 Minuten lang unter Rückfluß zum schwachen, gleichmäßigen Sieden erhitzt und danach durch das Eintauchen des Kolbens in kaltes Wasser abgekühlt. Nach dem vollständigen Abkühlen auf Raumtemperatur wird die Lösung mit zwei Tropfen Ferroin-Lösung versetzt und mit 0,1 N Ammoniumeisen(II)sulfat-Lösung bis zum Farbumschlag von gelbgrün über blaugrün nach rötlichbraun titriert. Als Blindwert werden 20 cm^3 dest. Wasser nach dem gleichen Verfahren behandelt.

Auswertung:
Das Ergebnis wird in mg/dm^3 CSB oder mg/dm^3 $K_2Cr_2O_7$ angegeben.

$$mg/dm^3 \ CSB = 40 \cdot (b - a) \cdot f$$

$$mg/dm^3 \ K_2Cr_2O_7 = 245{,}2 \cdot (b - a) \cdot f$$

b: cm^3 Ammoniumeisen(II)sulfat-Lösung bei der Titration der Blindprobe
a: wie b, jedoch für die Probe
f: Faktor der Ammoniumeisen(II)sulfat-Lösung

Bestimmungsmethode $K_2Cr_2O_7$-Verbrauch (2)
(für CSB unter 70 mg/dm^3)
Die Bestimmung erfolgt analog zu Methode (1), jedoch mit

anderen Konzentrationen und Volumina der Lösungen.

Durchführung

Geräte: wie in Bestimmungsmethode (1), außerdem 50-cm^3-Vollpipette

Reagenzien und Lösungen:

Ammoniumeisen(II)sulfat-Lösung 0,025 N:
250 cm^3 der 0,1 N Ammoniumeisen(II)sulfat-Lösung werden im Meßkolben auf 1000 cm^3 aufgefüllt; der Titer der Lösung wird analog zu Methode (1) mit 10 cm^3 0,05 N $K_2Cr_2O_7$-Lösung bestimmt - Faktor f = 20/x.

Kaliumdichromat-Lösung 0,05 N:
200 cm^3 der 0,25 N $K_2Cr_2O_7$-Lösung werden im Meßkolben auf 1000 cm^3 aufgefüllt.

Bestimmung:
analog zur Methode (1), jedoch mit folgenden Volumina bzw. Konzentrationen:
Ausgehend von 50 cm^3 Wasserprobe, 10 cm^3 0,05 N Kaliumdichromat-Lösung, 1 g $HgSO_4$ und 80 cm^3 Schwefelsäure, silbersulfathaltig, wird mit 80 cm^3 an dest. Wasser verdünnt und mit 0,025 N Ammoniumeisen(II)sulfat-Lösung titriert.
Als Blindwert werden 50 cm^3 dest. Wasser nach dem gleichen Verfahren behandelt und titriert.

Auswertung:

$$mg/dm^3\ CSB = 4 \cdot (b - a) \cdot f$$

$$mg/dm^3\ K_2Cr_2O_7 = 24,52 \cdot (b - a) \cdot f$$

korrespondierende Bestimmungen:

Bestimmung des BSB (3.2.8)
" der UV-Absorption (3.2.9)

3.2.8 BIOCHEMISCHER SAUERSTOFFBEDARF (BSB)

Unter dem biochemischen Sauerstoffbedarf (BSB) versteht man die Menge an gelöstem elementarem Sauerstoff in Milligramm, die von einem Kubikdezimeter Wasser beim biochemischen Abbau oder bei der Veränderung der organischen Inhaltsstoffe unter Mitwirkung von Mikroorganismen verbraucht wird.

In der Praxis des Gewässerschutzes wird der BSB als Maßzahl für die Summe der dem biochemischen Abbau zugänglichen organischen Verunreinigungen angesehen (Vergleich mit dem chemischen Sauerstoffbedarf s. 3.2.7). In der Regel wird als Reaktionszeit eine Zeitspanne von 5 Tagen angesetzt (BSB_5). Der biochemische Sauerstoffbedarf ist von einer Reihe von Faktoren wie Art und Konzentration organischer Stoffe, Art und Zahl der Mikroorganismen, Sauerstoff- und Nährstoffangebot, Temperatur und Lichteinwirkung abhängig. Bei jeder Art von BSB-Bestimmung ist für die Anwesenheit einer Bakterienflora zu sorgen, welche zum Abbau der in der Probe vorliegenden organischen Stoffe befähigt ist. Bei Abwässern ist die im Wasser unmittelbar gelöste Menge an Sauerstoff meist nicht ausreichend; es muß eine bekannte Menge an Sauerstoff zugesetzt werden. Wird die Sauerstoffabnahme in einer Wasserprobe ohne jegliche Vorbehandlung (Zusatz von Bakterien bzw. von Sauerstoff) innerhalb von zwei Tagen gemessen, so spricht man auch von der Sauerstoffzehrung.

Trotz der Unzulänglichkeiten der BSB-Methode - lange Untersuchungsdauer und unvollständige Erfassung organischer Stoffe aufgrund unvollständigen Abbaus - im Vergleich zur Bestimmung des chemischen Sauerstoffbedarfs, findet diese Methode vor allem wegen der Anhaltspunkte bei unvollständigem Abbau im Vergleich zum chemischen Sauerstoffbedarf besonders in der Abwasseranalyse Anwendung.

Zwischen den Gewässergüteklassen und dem BSB_5 besteht folgender Zusammenhang (s. auch 3.5):

Gewässergüteklasse	I	II	III	IV
BSB_5 in mg/dm^3	2-3	3-5,5	5,5-14	über 14

Bestimmungsmethode

Die Bestimmung des BSB_5-Wertes erfolgt durch Messung des Sauerstoffgehaltes (s. 3.2.2) zu verschiedenen Zeitpunkten und durch eine entsprechende Umrechnung der Differenzwerte (s. "Auswertung").

Durchführung

Geräte: 1 Klarglasflasche (Inhalt etwa 500 cm^3), 3 Klarglasflaschen (Inhalt etwa 110-130 cm^3, auf 0,1 cm^3 genau bestimmt - s. auch 3.2.2), ein 1000-cm^3-Schütteltrichter; Sauerstoff-Gasflasche (oder Preßluft-) mit Zuleitungsschlauch und Glasrohr (zur Anreicherung der Wasserprobe mit Sauerstoff)

Reagenzien und Lösungen:
s. in Abschn. 3.3.2, Bestimmungsmethode (1)

Vorbehandlung und Störungen:
Der pH-Wert von stark sauer oder stark alkalisch reagierenden Proben wird auf den Wert 7-8 eingestellt.
Wenn nur der biochemische Abbau bestimmt werden soll, das Wasser jedoch Substanzen enthält, die auch ohne Mitwirkung von Mikroorganismen Sauerstoff verbrauchen (Schwefelwasserstoff, Schwefeldioxid, Eisen(II)-verbindungen u.a.), wird die angereicherte Probe etwa zwei Stunden lang stehen gelassen und gelegentlich umgeschüttelt.

Bestimmung:
Eine Klarglasflasche (Inhalt etwa 500 cm^3) wird mit dem zu untersuchenden Wasser bis zum Überlaufen gefüllt. Im Labor füllt man das gegebenenfalls auf pH 7-8 eingestellte Wasser in einen Scheidetrichter und leitet zur Anreicherung etwa 3 Minuten lang Sauerstoff (Gasflasche) oder etwa 15 Minuten lang Preßluft ein. Danach werden die drei Klarglasflaschen (etwa 110-130 cm^3 Inhalt) mit dem so an Sauerstoff angereicherten Wasser gefüllt, wobei Luftblasen zu vermeiden sind (- das Abflußrohr des Scheidetrichters sollte bis zum Boden der Flaschen reichen -).

Der Sauerstoffgehalt der einen Probe wird gemäß Abschn. 3.2.2 - Methode (1) sofort bestimmt (Ergebnis: Wert G_1 in $mg/dm^3\ O_2$); die beiden anderen Proben werden d Tage lang bei 20°C im Dunkeln aufbewahrt und danach auf die gleiche Weise untersucht (Ergebnis: Werte G_2 und G_3 in $mg/dm^3\ O_2$). G_2 und G_3 sollten mindestens 2 $mg/dm^3\ O_2$ betragen; andernfalls wird die Bestimmung mit einer kürzeren Zehrungsdauer wiederholt.

Auswertung:

Der biochemische Sauerstoffbedarf nach d Tagen (BSB_d) beträgt:

$$BSB_d = G_1 - \frac{G_2 + G_3}{2} \quad \text{in } mg/dm^3\ O_2$$

Im allgemeinen wird der Wert auf eine Zehrungsdauer von 5 Tagen umgerechnet:

$$BSB_5 = f_d \cdot BSB_d$$

Die folgende Tabelle enthält die Umrechnungsfaktoren f_d:

d	2	3	4	5	6	7	8	Tage
f_d	1,852	1,370	1,136	1,000	0,909	0,854	0,813	

(s. auch Anhang 2)

Bestimmungsmethode (2): elektrometrisch

Die Bestimmung des BSB_d-Wertes kann wesentlich einfacher mit einer Sauerstoffelektrode erfolgen; hierfür muß das Volumen der Klarglasflaschen nicht bekannt sein (s. dazu Abschn. 3.2.2, Bestimmungsmethode (3)).
Die Meßwerte können direkt in $mg/dm^3\ O_2$ abgelesen werden; Auswertung siehe oben.

3.2.9 BESTIMMUNG DER UV-ABSORPTION

Im ultravioletten Spektralbereich weisen z.B. Moleküle mit Doppel- und Dreifach-Kohlenstoffbindungen, Carbonylgruppen sowie Stickstoff-Stickstoff-Doppelbindungen Absorptionsbanden auf. Im Bereich von 230 bis 280 nm ist vorwiegend eine Absorption des Lichtes durch Aromaten, Heterocyclen, Carbonylverbindungen und ungesättigte aliphatische Verbindungen zu erwarten. Ohne eine Trennung der Substanzen lassen sich zwar keine differenzierten Aussagen aufgrund der UV-Absorptionsmessung machen, jedoch bestehen quantitative Beziehungen zwischen der UV-Absorption und chemischen Summenparametern für organische Stoffe wie der Permanganatzahl bzw. dem chemischen Sauerstoffbedarf (s. 3.2.8). Die Korrelationskoeffizienten liegen für UV-Messungen bei 250 nm bzw. 254 nm im Bereich von 0,7 bis 0,9.(s.S.131 (11)-Lit.77)

Da UV-Messungen erheblich schneller und weniger arbeitsaufwendig durchführbar sind als chemische Verfahren, werden sie immer mehr zur Erfassung organischer Inhaltsstoffe vor allem in Oberflächengewässern herangezogen; die Aufnahme eines vollständigen Spektrums kann weitere Anhaltspunkte für bestimmte Substanzgruppen ergeben. Bei 280 nm werden z.B. Humin(Humus)säuren und Ligninsubstanzen erfaßt.
Der Extinktionswert einer optisch klaren Probe bei einer bestimmten Wellenlänge kann daher in der Praxis der Wasseranalytik als Maß für die organische Verschmutzung verwendet werden.

Durchführung

Geräte: Spektralphotometer, 2 Quarzküvetten (d = 1 cm)

Bestimmung:
Die Messung der Probe erfolgt in sorgfältig gereinigten Quarzküvetten gegen dest. Wasser. Die Extinktion wird von der Wellenlänge 320 nm an abwärts in Schritten von 10 nm gemessen, bis sie den Wert 2 überschreitet. Das UV-Spektrum wird graphisch dargestellt ($E = f(\lambda)$); zur Charakterisierung der Probe werden die Extinktionen für 220 und 280 nm angegeben.

3.3 METHODEN ZUR ERFASSUNG SPEZIELLER SUBSTANZGRUPPEN

3.3.1 DÜNNSCHICHT-CHROMATOGRAPHISCHER SCHNELLTEST AUF TOXISCHE METALLE

Zu den für Lebewesen im Wasser und überwiegend auch für den Menschen toxischen Elementen gehören Arsen, Blei, Cadmium, Chrom, Kupfer, Nickel, Quecksilber, Selen, Zinn und Zink. Häufig werden sie auch als Schwermetalle zusammengefaßt, obwohl nur diejenigen mit einer Dichte über 6,0 g/cm^3 als solche zu bezeichnen sind (also z.B. nicht das Zink). Sie sind in natürlichen Wässern nur als Spurenstoffe enthalten und gelangen vor allem mit Industrieabwässern in die Gewässer und biologischen Kläranlagen. Einige Elemente wie Nickel, Zink und Kupfer sind essentielle Spurenelemente, die erst in höheren Konzentrationen eine toxische Wirkung zeigen.

Sollen Wasserproben untersucht werden, die z.B. im Zusammenhang mit einem Fischsterben oder bei Beschwerden über die Qualität des Trink- oder Brauchwassers genommen wurden, so treten ohne Kenntnisse der möglichen Verunreinigungen häufig Schwierigkeiten auf: Einerseits hängt von der Schnelligkeit der Analyse die Aktionsfähigkeit der Wasserbehörden ab, andererseits ist das Spektrum der in Frage kommenden Schadstoffe breit und nur durch aufwendige Analysenverfahren mit großem Zeitbedarf einigermaßen zu erfassen. Daher ist es zweckmäßig, für die anorganischen Schadstoffe zunächst eine schnelle Übersichtsanalyse durchzuführen, die Anhaltspunkte auf toxische Elemente in höheren Konzentrationen liefert, und erst dann gezielte quantitative Analysen (s. 3.4.7-3.4.11) anzuschließen.

Bestimmungsmethode

Organische Reagenzien, die mit einer Reihe von Metallionen in organischen Lösungsmitteln lösliche bzw. extrahierbare Komplexverbindungen (Chelate) bilden, werden in der Spurenanalytik zur gemeinsamen Abtrennung und Anreicherung häufig eingesetzt. In Verbindung mit chromatographischen Trennmethoden lassen sich Trennungen und Identifizierungen sowie auch quantitative Analysen der einzelnen Elemente in einem Analysengang durchführen.

Mit dem Reagenz Natriumdiethyldithiocarbamat[x]) reagiert eine größere Anzahl an Elementen. Auf der Dünnschichtplatte lassen sich nach der Auftrennung des Gemisches durch Adsorptions-Chromatographie einige der Carbamate aufgrund ihrer Färbung direkt erkennen (z.B. Cu, Ni, Co). Einige andere Chelate, wie z.B. die das Cd, Hg, Pb und Zn sind jedoch farblos. Hier ermöglichen Ligandenaustauschreaktionen des Carbamatrestes gegen z.B. Dithizonreste charakteristische Färbungen.

([x]) Handelsname: -dithiocarbaminat)

Durchführung

Geräte: 50-cm^3- und 250-cm^3-Schütteltrichter, DC-Kammer 20 x 20 cm; 1-, 2-, 5-cm^3-Pipetten (graduiert), 2- und 20-µl-Pipetten zur DC, Sprühgerät zur DC, 10-cm^3-Bechergläser

Reagenzien: Natriumdiäthyldithiocarbaminat (Merck), Dithizon, Chloroform, Aceton, Toluol, 25%iger Ammoniak, Kieselgel-Dünnschichtplatten (oder -Folien) 20x20 cm (ohne Fluoreszenzindikator); Essigsäure, Natriumhydroxid; Ni-, Zn-, Cd-, Cu-, Co-, Pb-, Hg-Salze p.a.

Lösungen:

Metallsalz-Lösungen: Ni und Co: 0,5 mg/dm^3, Zn und Cu: 1 mg/cm^3, Hg, Pb und Cd: 5 mg/cm^3 (Lösungsvolumen: 50 cm^3)

Standardacetatpuffer: 50 cm^3 1 N Natronlauge und 100 cm^3 1 N Essigsäure auf 1000 cm^3 mit dest. Wasser auffüllen

NaDDTC-Lösung: 1%ige wäßrige Natriumdiäthyldithiocarbaminat-Lösung (frisch herstellen)

Dithizonlösung: 20 mg Dithizon in 100 cm^3 Aceton lösen (in brauner Flasche im Kühlschrank aufbewahren)

Bestimmung:

Je 0,5 cm^3 jeder Metallsalz-Lösung werden jeweils mit 8 cm^3 Standardacetatpuffer-Lösung und 2 cm^3 NaDDTC-Lösung sowie mit je 10 cm^3 Chloroform in einem 50-cm^3-Schütteltrichter versetzt und etwa eine Minute geschüttelt. Von der unteren organischen Phase werden entweder je 2 µl (Cd, Cu, Ni, Hg, Pb) oder 4 µl (Co) bzw. 6 µl (Zn) auf eine DC-Platte (oder -Folie) sowie alle Lösungen auf einem Punkt gemeinsam mit Mikroliterpipetten aufgetragen (nach jedem Auftragen trocknen lassen).

Zur Analyse des Wassers werden 200 cm^3 der Probe auf die gleiche Weise wie die Metallsalz-Lösungen behandelt, jedoch nur mit 5 cm^3 Chloroform extrahiert. Auch von diesem Extrakt werden insgesamt 20 µl auf der DC-Platte aufgetragen.
Da die extrahierten Metalldithiocarbamate in Lösungen in einigen Fällen wenig stabil sind, sollten alle Proben sofort nach der Extraktion auf der DC-Platte aufgetragen werden.
Die chromatographische Trennung erfolgt mit Toluol als Laufmittel in einer ungesättigten Kammer. Nachdem eine Laufstrecke von mindestens 10 cm erreicht ist, wird die Platte aus der Kammer genommen und an der Luft getrocknet und zunächst auf sichtbare Flecken ausgewertet. Danach wird die Schicht mit der Dithizonlösung gleichmäßig besprüht. Nach nochmaligem Trocknen wird die Platte zur besseren Erkennung der Flecken gegenüber dem Untergrund über eine Flasche (oder einen Erlenmeyerkolben) mit konz. Ammoniak gehalten, bis die Schicht völlig gelborange gefärbt ist.

Auswertung:

Durch den Vergleich der Rf-Werte (Quotient aus der Wanderstrecke der Substanz - Startlinie bis zum Fleckenmittelpunkt - und der Gesamtwanderstrecke des Laufmittels - Start- bis Frontlinie -) unter Berücksichtigung der Färbungen im Vergleich zu den Referenzsubstanzen wird eine Identifizierung der Metalle in der Wasserprobe vorgenommen.

korrespondierende Versuche:

Bestimmung von Kupfer (3.4.9)
" von Zink und Cadmium (3.4.10)

3.3.2 INFRAROT-SPEKTROSKOPIE

Grundlagen

Wie andere spektroskopische Verfahren beruht die Infrarot-(IR)-Spektroskopie auf der Wechselwirkung zwischen elektromagnetischer Strahlung und Materie:
Die Schwingungsbewegungen der Moleküle (oder Molekülteile) erfolgen periodisch mit Frequenzen ν , die eindeutig mit bestimmten Energieinhalten E verknüpft sind:

$E = h \cdot \nu$

($h = 6{,}626 \cdot 10^{-34}$ Joule·sec; Plancksches Wirkungsquantum)

Wird eine Probe elektromagnetischer Strahlung im IR-Bereich (Frequenzen zwischen etwa 10^6 und 10^8 MHz) ausgesetzt, so absorbiert sie Lichtquanten derjenigen Energiebeträge, die denen ihrer Schwingungen entsprechen. Anhand des IR-Spektrums, das graphisch die Durchlässigkeit einer Substanz gegenüber der Strahlung in Abhängigkeit von deren Frequenz zeigt, können daher die Schwingungsfrequenzen dieser Substanz ermittelt werden.
Zur Charakterisierung der Schwingungen wird im allgemeinen nicht die Frequenz ν selbst benutzt, sondern die Wellenzahl ν' cm^{-1} , die der Frequenz proportional ist:

$\nu' = (1/c) \cdot \nu$

(Lichtgeschwindigkeit $c = 2{,}99793 \cdot 10^{10}$ cm/sec)

Bezogen auf die Wellenzahl umfaßt ein Infrarot-Spektrum den Bereich von 4000 bis etwa 200 cm^{-1}.

Bei hinreichend charakteristischen Schwingungen können die Wellenzahlen dazu genutzt werden, unbekannte Substanzen zu identifizieren:
Man unterteilt dazu gedanklich das gesamte IR-Spektrum in (mehr oder weniger) eng gefaßte Diagnosegebiete, wobei dann eine Absorptionsbande in einem Bereich ein Indiz für das Vorliegen einer bestimmten Atomgruppierung sein kann. Die Ergebnisse sind in Form sogenannter Korrelationstabellen zusammengefaßt (s. Anhang); sie ermöglichen in vielen Fällen eine schnelle qualitative Untersuchung unbekannter Proben.

Anmerkungen zum Einsatz der IR-Spektroskopie in der Wasseranalyse

(1) Eine direkte IR-Messung der Wasserprobe ist wegen der sehr breiten und intensiven Absorptionsbanden der H_2O-Moleküle und auch aus technischen Gründen nicht möglich; das Spektrum wird daher im allgemeinen vom Gesamtrückstand (s. dazu 3.2.5) aufgenommen.

(2) Da die IR-Spektroskopie die Schwingungen der Atome eines Moleküls gegeneinander erfaßt, kann sie nur bei zwei- und mehratomigen Partikeln angewandt werden (also z.B. bei organischen Molekülen und auch NO_3^-, SO_4^{2-} usw.); die Bestimmung der in 3.4.7 bis 3.4.11 genannten Kationen und der einatomigen Anionen (Cl^-, F^- usw.) ist dagegen nicht möglich. Außerdem ist zu beachten, daß die beim Eindampfen zerstörten Verbindungen (z.B. NO_2^-) im Spektrum nicht mehr nachweisbar sind.

(3) Bei der Interpretation der IR-Spektren muß unterschieden werden zwischen

(a) Banden, die eindeutig einer bestimmten Atomgruppierung zuzuordnen sind (- so ist eine scharfe Bande bei etwa 1390 cm^{-1} spezifisch für Nitrate -), und

(b) weniger charakteristischen Banden: Die Ionen PO_4^{3-}, SO_4^{2-} und SiO_4^{4-} haben aufgrund ihrer gleichen Struktur ähnliche Schwingungsfrequenzen; ihre Absorptionsbanden können sich daher teilweise überlagern, so daß eine eindeutige Unterscheidung nicht immer möglich ist.

Ein typisches IR-Spektrum einer Wasserprobe ist in der Abbildung im Anhang dargestellt.

Durchführung

Je nach Salzkonzentration der Lösung werden 100 bis 500 cm^3 der Probe eingedampft (s. auch 3.2.5). 1-3 mg des Rückstandes werden mit etwa 100 mg Kaliumbromid (für die Spektroskopie) gut verrieben und unter Vakuum in einer Preßform mit etwa 10 t belastet. KBr zeigt unter diesen Bedingungen die Eigenschaft des kalten Flusses, schließt die Probenteilchen ein und ergibt durchsichtige tablettenförmige Preßlinge.

Die Interpretation erfolgt anhand von Korrelationstabellen (s. Anhang).

weiterführende Literatur:

H.GÜNZLER, H.BÖCK: IR-Spektroskopie; Verlag Chemie, Weinheim 1975.

F.-M.SCHNEPEL: Physikalische Methoden in der Chemie: Infrarotspektroskopie; Chemie in unserer Zeit 13, 33-42 (1979).

3.3.3 PHENOLE

Die chemische Substanzgruppe der Aromaten mit Hydroxygruppen am Benzolkern, das Phenol und dessen Derivate, ist in erster Linie in industriellen Abwässern zu finden. Diese organischen Schadstoffe gelangen aus Gaswerken, Kokereien, Braunkohle-Schwelereien sowie aus der chemischen Industrie, in der Phenolkörper wichtige Ausgangsstoffe für Kunststoffe, Arzneimittel, Kosmetika und Farbstoffe darstellen, als Bestandteile ungenügend gereinigter Abwässer in die natürlichen Wässer. Phenolkörper sind aber auch natürliche Bestandteile von Pflanzen und können z.B. aus Zellstoffablaugen oder infolge der Laubzersetzung in Oberflächenwässer einfließen.

Phenole sind in sehr unterschiedlichem Maße biologisch abbaubar. Sie haben in den meisten Fällen eine toxische Wirkung auf die Lebewesen im Wasser, reichern sich in Fischen an und führen so zu einem unangenehmen Geschmack des Fischfleisches. Außerdem sind schon geringe Konzentrationen des Phenols am Geruch erkennbar, vor allem wenn es leicht flüchtig ist wie das Phenol selbst und dessen chlorierte Derivate. Einige Bakterienstämme sind jedoch bereits phenolresistent und bauen diese ursprünglichen Bakteriengifte biologisch ab.

Aufgrund der sehr unterschiedlichen chemischen und physikalischen Eigenschaften und biologischen Wirkungen lassen sich eindeutige und differenzierte Aussagen über die Belastung an Phenolen nur bei Kenntnis der einzelnen Phenolkörper machen, d.h. analytisch nach einer Auftrennung und Einzelidentifizierung. Durch Sauerstoff werden Phenole leicht oxidiert.

Konzentrationen von 0,1 - 1 mg/dm^3 an Phenolen sind am Geschmack und Geruch erkennbar, Chlorphenole bereits ab 0,001 mg/dm^3. Der Grenzwert im Trinkwasser beträgt nach den EG-Richtlinien 0,5 $\mu g/dm^3$ bzw. nach den Empfehlungen der WHO 2 $\mu g/dm^3$ bezogen auf das Phenol.

Bestimmungsmethode (1): Photometrische Bestimmung mit GIBBS Reagenz

In para-Stellung unsubstituierte und auch einige substituierte Phenole setzen sich mit 2,6-Dibromchinon-4-chlorimid (GIBBS Reagenz) bei pH 9,2-9,4 zu intensiv gefärbten Indophenolen um. Je nach Art der Substitution werden für die gebildeten Indophenole in n-Butanol molare Extinktionskoeffizienten zwischen 6030 (3-tert.-Butyl-4-methoxyphenol), 21 430 (Phenol) und 25 560 (2-iso-Butyl-4-methoxyphenol) mit Absorptionsmaxima zwischen 585 und 655 nm erreicht (nach: J.J.Dacre (1971), Anal. Chem. 43, 589).

Diese Umsetzung findet zur photometrischen Summenbestimmung von Phenolen neben anderen Methoden (s. in: LEITHE, Kap. 5) Anwendung, wobei das Meßergebnis auf das Phenol bezogen wird. Aufgrund der unterschiedlichen Extinktionskoeffizienten für die einzelnen Phenole können die Ergebnisse nur als Richtwerte für diese Substanzgruppe angesehen werden.

Durchführung

Geräte: 250-cm^3-Schütteltrichter, 1-, 2-, 5-, 10- und 100-cm^3-Vollpipetten, Meßzylinder, 100- und 1000-cm^3-Meßkolben, 100-cm^3-Becherglas, 200-cm^3-Erlenmeyerkolben

Reagenzien: 1 N Natronlauge,

Boratpuffer: 3,1 g Borsäure, 3,5 g Kaliumchlorid und 32 cm^3 1 N Natronlauge werden zu 1000 cm^3 mit dest. Wasser im Meßkolben aufgefüllt. Der pH-Wert einer Verdünnung von 5 cm^3 auf 100 cm^3 ist zu überprüfen; er soll 9,4 ± 0,2 betragen.

GIBBS-Reagenz: 0,2 g 2,6-Dibromchinon-4-chlorimid in 50 cm^3 95%igem Ethanol lösen (Lösung eine Woche stabil) - Für die Analysen werden 4,5 cm^3 dieser Lösung auf 100 cm^3 verdünnt (nur etwa 30 Minuten stabil).

Phenol-Stammlösung: 1,00 g Phenol im Meßkolben mit dest. Wasser auf 1000 cm^3 lösen.

Phenol-Verdünnung: 1: 1000 im 1000-cm^3-Meßkolben (1 cm^3 der Lösung entspricht 1 µg Phenol)

Bestimmung:

100 cm^3 der zu untersuchenden Wasserprobe werden in einem 200-cm^3-Erlenmeyerkolben mit 10 cm^3 Boratpuffer versetzt und nach der Zugabe von 2 cm^3 des verdünnten GIBBS-Reagenzes über Nacht (6-24 h) stehen gelassen. Der gebildete Farbstoff wird dann im 250-cm^3-Schütteltrichter mit 25 cm^3 n-Butanol innerhalb von 3 Minuten ausgeschüttelt. Die obere organische Phase wird mit einer Pipette vorsichtig entnommen, so daß keine Wassertröpfchen in die Pipette gelangen. Die Extinktionsmessungen erfolgen bei 650 nm im n-Butanol gegen den Blindwert aus 100 cm^3 dest. Wasser nach dem obigen Verfahren.
Die Eichmessungen werden mit Lösungen von 0,01 - 0,02 - 0,05 und 0,1 mg/dm^3 an Phenol (entsprechend 1 bis 10 cm^3 der Phenol-Verdünnung, auf 100 cm^3 aufgefüllt) durchgeführt.

Auswertung:

interpolativ aus der Eichkurve.

Bestimmungsmethode (2): Dünnschicht-Chromatographie von Phenolen

Durch die Kupplung von Phenolen mit aromatischen Diazoniumsalzen sind intensiv gefärbte Phenylazofarbstoffe leicht zugänglich. Als Kupplungskomponente wird das unter der Bezeichnung Echtrotsalz A1 in stabilisierter Form im Handel erhältliche Anthrachinon-1-diazoniumchlorid eingesetzt. Die gebildeten Phenylazofarbstoffe lassen sich dünnschicht-chromatographisch auf Kieselgel-Schichten gut trennen. Aus Wasser lassen sich die Phenole an Aktivkohle adsorptiv anreichern und dann mit dem o.g. Reagenz nach der Elution umsetzen.

Nachgewiesen wurden bisher z.B. in Wasserproben aus dem Rhein und Main folgende Substanzen:
Phenol - 2,4,6-Trichlorphenol - m-/p-Kresol - 2-tert.Butyl-6-methylphenol - o-Chlorphenol - Salicylaldehyd - ß-Naphthol - 2,6-Dichlorphenol - p-tert.Butylphenol. (Diese Phenole wurden durch Gas-Chromatographie/Massenspektrometrie-Kopplung häufiger als 5mal in 21 verschiedenen Proben nachgewiesen. Nach:

H.Kunte u. J.Shemrova (1975), Z. f. Wasser- und Abwasser-Forschung 8, 176).

Durchführung

Geräte: Allihnsches Rohr, Saugtopf (1000 cm^3) mit zum Rohr passendem durchbohrtem Gummistopfen, Wasserstrahlpumpe mit Vakuumschlauch, 100-cm^3-Becherglas, 50-cm^3-Schütteltrichter, 100-µl-Spritze, Dünnschichtkammer (2o x 2o cm), 500-cm^3-Schütteltrichter, 500-cm^3- und 50-cm^3-Meßzylinder, 1- und 5-cm^3-Meßpipette, Glasstab

Reagenzien: Echtrotsalz A1 (Ferak, Berlin), Aktivkohle, Diethylether, Chloroform; Kieselgel-Dünnschichtplatten mit Konzentrierungszone, pH-Papier

Lösungen: 0,05 N Natronlauge, 1 N Salzsäure

Echtrotsalz-Lösung: 100 mg unter schwachem Erwärmen in 50 cm^3 dest. Wasser lösen.

Bestimmung:

500 cm^3 einer Wasserprobe werden durch ein Allihnsches Rohr, das ein Gramm Aktivkohle enthält, unter schwachem Saugen mittels einer Wasserstrahlpumpe gesaugt. Die Elution der an Aktivkohle adsorbierten Phenole erfolgt ohne Saugen mit 20 cm^3 Diethylether; das Eluat wird in einem Becherglas aufgefangen. Nachdem das Lösungsmittel an der Luft verdunstet ist, löst man den Rückstand in etwa einem cm^3 Wasser, fügt 1 cm^3 Echtrotsalzlösung, 0,1 cm^3 0,05 N Natronlauge hinzu, rührt mit einem Glasstab etwa eine Minute gut um und läßt weitere 10 Minuten stehen. Der pH-Wert soll zwischen 10 und 11 liegen. Falls erforderlich wird nochmals ein cm^3 Natronlauge oder mehr unter Rühren hinzugegeben.

Danach säuert man die Lösung mit 0,2 cm^3 1 N Salzsäure an, wobei die gebildeten Farbstoffe ausgefällt werden. Man extrahiert diese Farbstoffe mit 5 cm^3 Chloroform im 50-cm^3-Schütteltrichter, läßt nach der Phasentrennung das Chloroform in einem Becherglas verdunsten und löst den Rückstand in 0,2 cm^3 Chloroform, wovon 50-100 µl mit der Spritze auf die Konzentrierungszone der DC-Platte aufgetragen werden. Auf einen geringen Fleckendurchmesser muß bei Anwendung der

Konzentrierungszone nicht geachtet werden.
Neben den Proben werden ein Blindextrakt aus der Aktivkohle sowie Phenol und andere o.g. Phenole, die im Wasser zu vermuten sind, als Phenylazofarbstoffe aufgetragen. Die Auftrennung der Gemische erfolgt mit Chloroform als Laufmittel; die Laufstrecke soll etwa 10 cm betragen.

Auswertung:

Eine sichere Identifizierung anhand von Vergleichssubstanzen wird nur in wenigen Fällen möglich sein. Aufgrund der Probenvorbereitung (Abtrennung aus Wasser und Derivatisierung) können jedoch alle Flecken, die nicht in der Blindprobe vorkommen, als phenolische Inhaltsstoffe der untersuchten Wasserprobe angesehen werden.

3.3.4 KOHLENWASSERSTOFFE (Mineralöle)

Aliphatische und aromatische Kohlenwasserstoffe sind die Hauptbestandteile von Benzinen und Mineralölen. Die einzelnen Kohlenwasserstoffe weisen eine sehr unterschiedliche Löslichkeit im Wasser auf; sie verringert sich von den Aromaten (Benzol z.B. mit 1680 mg/dm^3) über Naphthene bis zu den Paraffinen(Hexan z.B. mit 50 mg/dm^3) und innerhalb einer Substanzgruppe mit steigendem Molekulargewicht (z.B. von Benzol zu Toluol von 1680 auf 511 mg/dm^3). Die Wasserlöslichkeit ist bei Anwesenheit von Detergentien wesentlich erhöht.

Innerhalb der Verunreinigungen durch Kohlenwasserstoffe wird aufgrund der Flüchtigkeit und Verdampfbarkeit zwischen Benzinen (hohe Flüchtigkeit), Ölen und hochsiedenden Ölrückständen (Altölen) unterschieden. Auf diese Weise lassen sich Rückschlüsse auf die Quelle der Verunreinigung ziehen. Die verschiedenen Kohlenwasserstoffe machen sich im Geruch sehr unterschiedlich bemerkbar; hochsiedende n-Paraffine sind geruchlos; der charakteristische Benzingeruch wird durch Isoparaffine und Naphthene und durch aromatische Kohlenwasserstoffe verursacht. Trinkwasser wird schon bei sehr geringen Konzentrationen dieser Substanzen im Geschmack erheblich beeinträchtigt.

Aufgrund der komplexen Zusammensetzung von Kohlenwasserstoffgemischen ist eine toxikologische Beurteilung nur bei Kenntnis der Konzentrationen einzelner Substanzen möglich. In Oberflächenwässern werden die Grenzwerte in bezug auf Fische für Benzol mit 5 mg/dm^3, für Benzine je nach Produkt mit 50-200 mg/dm^3 und für Naphthalin mit 2,5-5 mg/dm^3 angegeben. Die durchschnittlichen Grenzwerte für Diesel-, Auto- und Heizöle liegen bei 50-100 mg/dm^3; diese Konzentrationen lassen sich für einige Produkte nicht mehr in gelöster Form erreichen - sie werden durch Trübungen oder Ölfilm auf dem Wasser sichtbar. n-Paraffine werden von einigen Bakterienstämmen abgebaut und in andere organische Substanzen umgewandelt (Gewinnung von Nahrungs- und Futtermittel aus Erdöl).

Verunreinigungen der Gewässer treten überwiegend beim

Transport und bei der Lagerung von Ölen auf; sowohl Oberflächen- als auch Grundwässer können verunreinigt werden.

Für die besonders toxischen (krebserzeugenden) polycyclischen Kohlenwasserstoffe (Benzpyrene, Anthracene u.a.) ist für das Trinkwasser in der BRD ein Grenzwert von 0,02 mmol/m^3 (entsprechend etwa 0,00025 mg/dm^3) gesetzlich festgelegt.

Bestimmungsmethode

Mineralölprodukte lassen sich aus Wasser in ein wenig polares organisches Lösungsmittel wie z.B. Tetrachlorkohlenstoff extrahieren. Mit Hilfe einer speziellen Entwicklungstechnik der Dünnschicht-Chromatographie, der Kanal-DC, werden ebenfalls extrahierte, jedoch sauerstoffhaltige Wasserinhaltsstoffe infolge stärkerer Adsorption abgetrennt. Im oberen Teil der Laufzone können die Kohlenwasserstoffe gemeinsam erfaßt und in der Größenordnung quantitativ ermittelt werden (s. auch in: "Deutsche Einheitsverfahren ...", Kap. 5).

Durchführung

Geräte: 500-cm^3-Schütteltrichter, 2-cm^3-Pipette, 100-µl-Spritze, 2 Dünnschichtkammern (2o x 2o cm), 50-cm^3-Meßkolben, Laborspatel

Reagenzien und Materialien:
Tetrachlorkohlenstoff, Chloroform, Natriumchlorid, Iod krist., Heizölprobe (als Vergleichsstandard)
Kieselgel-Dünnschicht-Fertigplatten (aus Glas) - Vorbereitung: Mit Hilfe eines Laborspatels werden 5 trichterförmige Kanäle von 2 mm Breite und 50 mm Länge nach dem Schema in der Abbildung 3 in die Schicht geritzt (Entfernung des Kieselgels) - s. S.79.

Lösung: Standard-Lösung aus 250 mg Heizöl in 50 cm^3 Tetrachlorkohlenstoff (1 µl entspricht 5 µg Heizöl)

Bestimmung:
500 cm^3 der verdächtigen Wasserprobe werden nach Zugabe von 5 g Natriumchlorid mit 2 cm^3 Tetrachlorkohlenstoff (oder auch

Chloroform, mit dem eine bessere Phasentrennung erreicht wird) im Schütteltrichter etwa 5-10 Minuten kräftig geschüttelt. Man läßt die organische Phase absitzen und einen Teil davon aus dem Schütteltrichter in ein Reagenzglas ablaufen. Mit Hilfe einer 100-µl-Spritze werden jeweils 20 bzw. 100 µl des Extraktes in den trichterförmigen Erweiterungen der speziell vorbereiteten DC-Platte aufgetragen, sowie die gleichen Volumina der Standardlösung an Heizöl. Nach dem Verdunsten des Lösungsmittels (ohne Verblasen) wird die Platte mit Chloroform als Laufmittel so lange entwickelt, bis die Laufstrecke mindestens 40 mm in den Kanälen beträgt. Die Auswertung erfolgt nach dem Trocknen an der Luft zunächst unter einer UV-Lampe, um auf Fluoreszenzen aromatischer Kohlenwasserstoffe (s. auch Abschn. 2.6) prüfen zu können, danach in einer mit Ioddampf gesättigten DC-Kammer. Die Kohlenwasserstoffe befinden sich im oberen Teil der Kanäle und erscheinen als braune rechteckige Flecken.

Auswertung:

Die Mineralölmengen aus der Standardlösung betragen auf der DC-Platte 100 bzw. 500 µg. Aus den erhaltenen Flecken wird eine Flächenkonstante in mm^2 je mg Heizöl berechnet. Unter Berücksichtigung des Probevolumens an Wasser und des verwendeten Extraktionsvolumens ergibt sich der Gehalt im Wasser mit:

$$\text{Gehalt in ppm} = \frac{\text{Fläche} \cdot 4000}{\text{Flächenkonstante} \cdot \text{aufgetragenes Volumen}}$$

Abbildung 3:
Schema zur
Kanal-DC

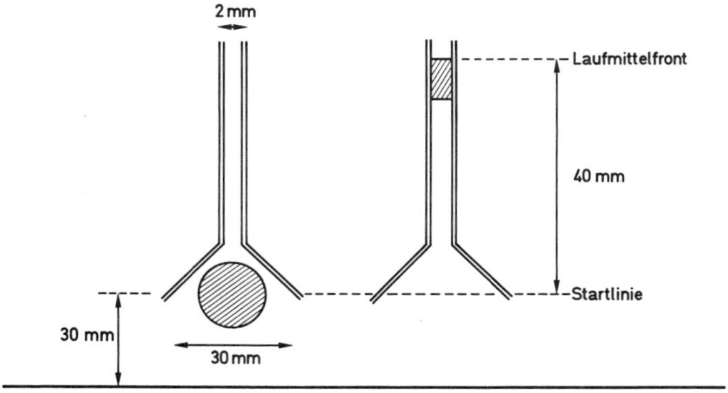

3.3.5 DETERGENTIEN (Tenside)

Unter dem Begriff Detergentien oder Tenside (engl. auch surfactants) werden grenzflächenaktive synthetische Substanzen in Wasch-, Netz(Spül)- und anderen Reinigungsmitteln zusammengefaßt, welche die Oberflächenspannung des Wassers herabsetzen. Die Bezeichnung Detergentien wird auf das gesamte Handelsprodukt, die der Tenside nur auf die waschaktiven Substanzen bezogen.

Je nach der chemischen Struktur unterscheidet man anionische, kationische und nichtionogene Tenside. Die Gemeinsamkeit im chemischen Aufbau besteht in der Kombination einer hydrophoben (wasserabstoßenden) Kohlenwasserstoffkette und einer hydrophilen (wasserlöslichen) polaren Gruppe. Durch Veränderungen dieser beiden Gruppen lassen sich die Eigenschaften (Schäumen, Emulgieren, Reinigen usw.) beeinflussen und variieren.

Anionische (auch "anionaktive") Tenside als Hauptbestandteile der meisten Wasch- und Reinigungsmittel im Haushalt sind z.B. Alkylsulfate, Alkylsulfonate und Alkylarylsulfonate. Als Standard-Eichsubstanz werden für anionische Tenside Tetrapropylenbenzolsulfonat oder Laurylsulfat eingesetzt.

Kationische (auch "kationaktive") Tenside werden für spezielle Zwecke (wie z.B. für Desinfektionsmittel) verwendet. Es handelt sich um quaternäre Ammoniumsalze oder Pyridinsalze, wie z.B. das Cetyltrimethylammoniumbromid.

Nichtionogene Tenside sind auch in der Natur, z.B. als Saponine, vorhanden. Als wasserlösliche synthetische Produkte werden Alkylpolyglykolether $RO(C_2H_4O)_nH$, Acylpolyglykolester $R\text{-}COO(C_2H_4O)_nH$, Saccharoseester und Isocyanatderivate eingesetzt. Den hydrophilen Anteil stellen die sauerstoffhaltigen Gruppen der Moleküle (in der Regel Ethylenoxid-Addukte: $-O-CH_2-CH_2-O-$), den hydrophoben Teil die Alkyl- oder Arylreste (R-) mit langer Kohlenstoffkette dar. Das Handelsprodukt Marlophen 810 besteht z.B. aus Nonylphenol mit einer Kette aus 10 Einheiten Ethylenoxid.

In der für 1980 geschätzten Weltproduktion verhalten sich die insgesamt etwa 8 Millionen Tonnen an Tensiden bezogen auf kationische, anionische und nichtionische wie 2:4:4.

Eine ganz wesentliche Schadwirkung der Tenside besteht in der Schaumbildung an der Oberfläche der Gewässer, wodurch wasserunlösliche Schmutzstoffe angereichert werden und der Stoffaustausch (vor allem des Sauerstoffs) zwischen Luft und Wasser stark beeinträchtigt wird. Außerdem haben zahlreiche Tenside eine toxische Wirkung auf bestimmte Lebewesen im Wasser.

Nach dem 1964 in Kraft getretenen Detergentiengesetz dürfen nur solche Tenside eingesetzt werden, die biologisch weitgehend abbaubar sind (sogenannte "weiche" Detergentien). Wegen der toxischen Wirkungen sollten Tenside im Trinkwasser nicht nachweisbar sein. Die WHO gibt für anionische Tenside als oberen Grenzwert 0,2 mg/dm^3 bezogen auf Laurylsulfat an.

Bestimmungsmethode (1): kationische Tenside mit Bromphenolblau

Der zu den Phthaleinen gehörende Farbstoff Bromphenolblau (3',5',3'',5''-Tetrabromphenolsulfonphthalein) kann als Anion auftreten und bildet dann mit kationischen Tensiden (neutrale) Ionenpaare, die in Chloroform extrahierbar sind. Die Bestimmung der Konzentration erfolgt photometrisch. Anionische Tenside stören, da sie mit kationischen Tensiden in äquivalenten Mengen ebenfalls mit Chloroform extrahierbare, jedoch farblose Ionenpaare bilden.

Durchführung

Geräte: 250-cm^3-Schütteltrichter, 100- und 1000-cm^3-Meßkolben, Meßzylinder, 10-cm^3-Meßpipette, 100-cm^3-Vollpipette, Glastrichter (mit Faltenfilter)

Reagenzien: Citronensäure ($C_6H_8O_7 \cdot H_2O$), Bromphenolblau, Cetyltrimethylammoniumbromid (Merck)

Lösungen: 1 N Natronlauge, 0,1 N Salzsäure, Chloroform

Citratpufferlösung: 21 g Citronensäure werden mit 200 cm^3 1 N Natronlauge zu 1 dm^3 mit dest. Wasser gelöst. Davon füllt man 309 cm^3 mit 0,1 N Salzsäure zu einem dm^3 im Meßkolben auf.

Bromphenolblau-Lösung: 150 mg Bromphenolblau (Riedel-de Haën) werden mit 200 cm^3 0,01 N Natronlauge gelöst und mit 42 cm^3 0,1 N Salzsäure versetzt.

Tensid-Stammlösung: 100 mg Cetyltrimethylammoniumbromid in 1 dm^3 dest. Wasser lösen (1 cm^3 entspricht 100 µg) - beim Lösen schwach erwärmen

Verdünnung (1:20): 5 cm^3 der Stammlösung werden im Meßkolben mit dest. Wasser auf 100 cm^3 aufgefüllt. (1 cm^3 entspricht 5 µg)

Bestimmung:

In einem 250-cm^3-Schütteltrichter werden 100 cm^3 der Wasserprobe nach Zugabe von 10 cm^3 Citratpufferlösung, 5 cm^3 0,1 N Salzsäure und 2 cm^3 Bromphenolblau-Lösung mit 50 cm^3 Chloroform 3 Minuten geschüttelt. Die organische Phase wird über ein Faltenfilter filtriert; die ersten 5 cm^3 des Filtrats werden verworfen. Die Extinktionsmessung erfolgt bei 416 nm gegen eine analog behandelte Blindprobe aus 100 cm^3 dest. Wasser.

Auswertung:

Die Konzentration der kationischen Tenside wird aus der Eichkurve interpolativ bestimmt. Zur Ermittlung der Eichkurve im Bereich von 50 bis 500 µg/dm^3 Cetyltrimethylammoniumbromid werden 1 bis 10 cm^3 der Verdünnung jeweils auf 100 cm^3 aufgefüllt und wie oben beschrieben weiter behandelt.

Bestimmungsmethode (2): anionische Tenside mit Azur A

Die Kationen der Azur A-Mischung bilden mit anionischen Tensiden neutrale Ionenpaare, die in Chloroform extrahierbar sind. Die Bestimmung der Konzentration erfolgt photometrisch. Kationische Tenside stören, da sie mit anionischen Tensiden in äquivalenten Mengen ebenfalls mit Chloroform extrahierbare, jedoch farblose Ionenpaare bilden (s. Bestimmungsmethode (1)).

Durchführung

Geräte: 250-cm^3-Schütteltrichter, 100- und 1000-cm^3-Meßkolben, 1-, 5-, 20- und 100-cm^3-Pipetten, Glastrichter (mit Faltenfilter)

Reagenzien: Chloroform, Natrium-laurylsulfat, Azur A (Isomerenmischung aus 3-Amino-7-dimethylamino-phenothiazin-5-iumchlorid und 3,7-Bis(methylamino)-phenothiazin-5-iumchlorid; Serva - oder auch als Präparat von Fluka)

Lösungen: 0,1 molare Schwefelsäure

Azur A-Reagenz: 40 mg Azur A und 5 cm^3 0,1 molarer Schwefelsäure auf 100 cm^3 mit dest. Wasser im Meßkolben auffüllen.

Tensid-Stammlösung: 100 mg Natrium-laurylsulfat in 1000 cm^3 dest. Wasser lösen (1 cm^3 entspricht 100 µg).

Verdünnung (1:100): 1 cm^3 der Stammlösung wird im Meßkolben mit dest. Wasser auf 100 cm^3 verdünnt (1 cm^3 entspricht 1 µg).

Bestimmung:

100 cm^3 der Wasserprobe (neutral bis schwach sauer) werden im Schütteltrichter mit 5 cm^3 0,1 molarer Schwefelsäure und 1 cm^3 Azur A-Reagenz versetzt und mit 20 cm^3 Chloroform 5 Minuten schwach geschüttelt. Nach der Phasentrennung wird die Chloroformlösung durch ein Faltenfilter in ein trockenes Gefäß abgelassen. Die Messung der Extinktion erfolgt bei 630 nm gegen eine analog behandelte Blindprobe aus 100 cm^3 dest. Wasser.

Auswertung:

Die Konzentration der anionischen Tenside wird interpolativ aus der Eickurve bestimmt. Zur Ermittlung der Eichkurve im Bereich von 10-100 µg/dm^3 an Natrium-laurylsulfat werden 1 bis 10 cm^3 der Verdünnung auf 100 cm^3 aufgefüllt und wie oben beschrieben weiter behandelt.

3.4 SPEZIELLE EINZELBESTIMMUNGEN

3.4.1 CHLORID

In allen natürlichen Wässern kommen Chloridionen aufgrund der guten Löslichkeit von Alkali- und Erdalkalichloriden in geochemisch bedingten unterschiedlichen Konzentrationen vor. Normale Grundwässer enthalten 10-30 mg/dm^3; in der Nähe von Meeresküsten können chloridreiche Oberflächenwässer (Brackwässer) mit Gehalten von mehreren hundert mg/dm^3 auftreten. Auch im Binnenland sind geologisch bedingte hohe Chloridgehalte in der Nähe von Salzlagerstätten und von Zechsteinformationen zu erwarten. Durch die Abwässer aus der Kaliindustrie weisen die Flüsse Werra und Weser sehr hohe Chloridkonzentrationen auf.

In allen Fällen, wo ein hoher Chloridgehalt (höher als 30 mg/dm^3, in vielen Gebirgsgegenden schon über 10 mg/dm^3) nicht geologisch bedingt ist, kann eine Verunreinigung des Oberflächenwassers vorliegen, vorausgesetzt, daß andere Verschmutzungsindikatoren dafür sprechen. Der Chloridgehalt wird auch beim Versickern des Wassers in tiefere Bodenschichten nicht wesentlich verringert. Unbeeinflußte, natürliche Oberflächenwässer weisen in Serienuntersuchungen über längere Zeiträume relativ konstante Chloridwerte auf.

Konzentrationen von 30-100 mg/dm^3 werden bereits als erhöht bezeichnet, 200-300 mg/dm^3 treten bei starker Verunreinigung durch Abwässer auf. Im Trinkwasser macht sich bei Chloridkonzentrationen über 250 mg/dm^3 ein Salzgeschmack bemerkbar. Nach den Vorschlägen der WHO liegt der obere Richtwert bei 350 mg/dm^3, nach den Leitsätzen für Trinkwasser in der BRD (DIN 2000) bei 250 mg/dm^3. Ein hoher Chloridgehalt wirkt sich außerdem zerstörend auf die Materialien Beton, Mörtel und Eisen aus.

Bestimmungsmethode

Eine der empfindlichsten Bestimmungsmethoden für Chloridionen ist die Fällungstitration mit Quecksilber(II)ionen:

$$2\ Cl^- + Hg^{2+} \rightleftharpoons HgCl_2$$

Im Endpunkt der Titration, wenn nach Fällung aller Chloridionen freie Hg^{2+}-Ionen auftreten, entsteht mit dem Indikator Diphenylcarbazon ein violettgefärbter Komplex.

Durchführung

Geräte:	Mikrobürette, Pipette mit 0,1-cm^3-Einteilung, 50-cm^3-Erlenmeyerkolben
Reagenzien:	Quecksilber(II)nitrat p.a. (oder Titrisol 0,01 N), Diphenylcarbazon
Lösungen:	0,01 N Quecksilbernitrat (Titrisol oder 3,4264 g $Hg(NO_3)_2$ p.a. in 1000 cm^3 verd. Salpetersäure lösen) 0,02 N Diphenylcarbazon in Ethanol: ca. 100 mg in 20 cm^3 für 10 Bestimmungen Chlorid-Standardlösung: 0,1 N Salzsäure (Titrisol) Salpetersäure, verdünnt (ca. 2 N)

Bestimmung:

10 bis 25 cm^3 abgemessene Wasserprobe werden in einen 50-cm^3-Erlenmeyerkolben gegeben und mit Salpetersäure bis zu pH 3-3,5 sowie mit 2 cm^3 Diphenylcarbazonlösung versetzt. Man titriert bis zum Umschlagspunkt von rotorange nach violett; dabei wird ein zu Beginn der Titration auftretender Farbumschlag nicht berücksichtigt.

(Anmerkung: Zur Überprüfung der Quecksilber(II)nitrat-Lösung und zum Erkennen des Umschlagspunktes kann zunächst eine Chlorid-Standardlösung (z.B. 0,1 N HCl) analog behandelt werden: Zur Titration von 1,0 cm^3 müssen 10,0 ± 0,3 cm^3 $Hg(NO_3)_2$-Lösung verbraucht werden.)

Auswertung:

Bei einem Ausgangsvolumen (Probe-) von

a) 10 cm^3 gilt: 1 cm^3 0,01 N $Hg(NO_3)_2$-Lösung entspricht 35,453 mg/dm^3 Chlorid,

b) 25 cm^3 gilt: 1 cm^3 0,01 N $Hg(NO_3)_2$-Lösung entspricht 14,1812 mg/dm^3 Chlorid.

3.4.2 SULFAT

Normale, nicht verunreinigte Wässer enthalten wenige mg/dm^3 bis zu 50 mg/dm^3 an Sulfationen (meist 10-30 mg/dm^3). In der Nähe von Gipsvorkommen kann dieser Wert bis zu einigen hundert mg/dm^3 ansteigen - in Niedersachsen 200-1000 mg/dm^3 - auch Wässer aus Braunkohlengebieten weisen oft hohe Sulfatkonzentrationen auf; die Sulfationen werden hier infolge biologischer Oxidationsvorgänge aus schwefelhaltigen organischen Stoffen gebildet.

Aus hygienischer Sicht zeigen verunreinigte Wässer neben viel Chlorid, Nitrat und Phosphat meist auch erhöhte Sulfatgehalte (100-200 mg/dm^3) - z.B. sind Urin und Jauche stark sulfathaltig.

Trinkwasser mit Sulfatgehalten über 200-300 mg/dm^3 kann zu Darm- und Magenstörungen führen (vor allem bei Anwesenheit von Natrium- und Magnesiumionen). Von der WHO werden als Grenzwert 250 mg/dm^3 angegeben, in der Regel sollte der Wert im Trinkwasser jedoch 60 mg/dm^3 nicht übersteigen. An Beton können Konzentrationen über 300 mg/dm^3 an Sulfat bereits Schädigungen des Materials bewirken.

Bestimmungsmethode

In alkoholischer Lösung erfolgt die Fällung der Sulfationen als Bariumsulfat mit Bariumperchlorat schnell und quantitativ. Die Sulfatkonzentration kann daher durch Titration mit $Ba(ClO_4)_2$-Lösung bestimmt werden; der Endpunkt ist daran zu erkennen, daß die erst nach vollständiger Fällung auftretenden freien Bariumionen mit dem Indikator Thorin einen rotorangegefärbten Komplex bilden.

Durchführung

Geräte: Austauschersäule, Glaswolle, Kunststoff-Flasche, 100-cm^3-Erlenmeyerkolben, 50-cm^3-Meßzylinder, pH-Papier, 10- und 100-cm^3-Pipetten, Mikrobürette

Reagenzien und Lösungen:

Kationenaustauscher (H^+-Form), z.B. von Dowex, Propanol-2 p.a., Perchlorsäure (etwa 60 Gew.%, d: 1,53) p.a.

Bariumperchlorat-Lösung: 0,005 mol/dm^3 in Propanol-2/Wasser (1+4), mit Perchlorsäure auf pH 2,5-4 einstellen (Lösung von Merck)

Thorin-Lösung: 0,2 g Thorin in 100 cm^3 dest. Wasser (Aufbewahrung in einer Kunststoff-Tropfflasche)

Vorbehandlung:

Da der Indikator Thorin auch mit anderen mehrwertigen Kationen einen roten Metallkomplex bildet, müssen diese vorher mit einem Kationenaustauscher abgetrennt werden (s. dazu auch Abschn. 3.2.4).

Bestimmung:

Der Sulfatgehalt der Probe sollte zwischen 5 und 500 mg/dm^3 liegen; andernfalls ist sie vor der Bestimmung einzuengen oder zu verdünnen.

Etwa 100 cm^3 der Wasserprobe werden auf den Kationenaustauscher gegeben (Vorbereitung der Austauschersäule, Regenerieren usw. s. Abschn. 3.2.4); man verwirft die ersten 50 cm^3 des Durchlaufs und sammelt die folgende Menge in einer Kunststoff-Flasche.

Zur Bestimmung der Sulfatkonzentration werden drei- bis viermal je 10 cm^3 der so vorbereiteten Probe, die keine Metallkationen mehr enthalten sollte, in 100-cm^3-Erlenmeyerkolben pipettiert, mit 40 cm^3 Propanol-2 versetzt und mit Perchlorsäure auf pH 2,5-4 eingestellt. Bei Zugabe von 1-2 Tropfen Thorin-Lösung muß die Lösung rein gelb gefärbt sein; darauf wird mit 0,005 molarer Bariumperchlorat-Lösung bis zum Umschlag nach rotorange titriert.

Bei der Titration der nächsten Proben wird die Hauptmenge der benötigten Bariumperchlorat-Lösung schnell zugegeben und darauf langsam weiter titriert, wobei der Farbton der ersten (austitrierten) Probe als Anhaltspunkt dient.

Auswertung:

Mit der Titration der ersten Probe wird die Größenordnung der benötigten Bariumperchlorat-Menge bestimmt. Der Sulfatgehalt wird aus dem Mittelwert $\bar{a}$ der folgenden Messungen ermittelt:

$$mg/dm^3\ SO_4^{2-} = 48 \cdot \bar{a}$$

($\bar{a}$ = cm^3 der 0,005 molaren Bariumperchlorat-Lösung, gemittelt)

3.4.3 PHOSPHAT

Reine Wässer, insbesondere Gebirgswässer, haben Phosphatgehalte unter 0,1 mg/dm^3, meist sogar weniger als 0,03 mg/dm^3. Bei Konzentrationen über 0,1 mg/dm^3 PO_4^{3-} liegt nur dann eine Verschmutzung vor, wenn weitere Verschmutzungsindikatoren positiv sind; bei Phosphatwerten über 0,3 mg/dm^3 besteht immer ein starker Verdacht auf Verunreinigung. Sonderfälle sind Moorwässer mit Gehalten bis zu 1 mg/dm^3. Bei Verunreinigungen durch häusliche Abwässer (Küchenabfälle, besonders auch durch Fäkalien) gelangen große Mengen an Phosphat (etwa 4,5 g/24 h und je Mensch) ins Wasser: bei Fäkalverunreinigungen ist der Phosphatgehalt ein sicherer chemischer Indikator. Kunstdünger erhöhen den Phosphatgehalt im Grundwasser. Manche Böden sind in der Lage, Phosphate zu adsorbieren, so daß in verschmutzten, aber tieferen Grundwässern manchmal auch normale Gehalte ermittelt werden. Außerdem werden geologisch bedingte hohe Phosphatkonzentrationen registriert; diese sind jedoch konstant (bis zu 7 mg/dm^3), während bei Verunreinigung die Konzentration in zeitlicher Abhängigkeit stark schwankt.

Für Rohrnetze ist bei aggressiven Wässern (s. in 3.2.3) der Phosphatgehalt zur Ausbildung einer Schutzschicht von Bedeutung, jedoch genügen hier Konzentrationen über 0,1 mg/dm^3.

Erhöhte Phosphatgehalte führen zu einer Eutrophierung des Gewässers ("Überdüngung"), d.h. zu einem verstärkten Wachstum von Wasserpflanzen, vor allem von Planktonalgen als Folge des größeren Nährstoffangebots. Dieser als "Wasserblüte" bezeichnete Vorgang führt infolge übermäßiger bakterieller Zersetzung abgestorbener Algen zu einem erhöhten Sauerstoffverbrauch. Treten daraufhin anaerobe Verhältnisse auf, so kann z.B. Schwefelwasserstoff freigesetzt werden.

In bezug auf das Element Phosphor unterscheidet man zwischen anorganischem Phosphor (Phosphat- bzw. Hydrogenphosphationen und Polyphosphate) und dem organisch gebundenen Phosphor, der erst nach einem Aufschluß des organischen Materials freigesetzt wird.

Bestimmungsmethode

Ammoniumheptamolybdat bildet in saurer Lösung Isopolysäuren, die mit ortho-Phosphat bei einem pH-Wert von 0,5 zu der beständigen, gelb gefärbten Heteropolysäure $H_3P(Mo_3O_{10})_4$ reagieren. Diese wird durch p-Methylamino-phenolsulfat ("Photo-Rex") und Disulfit zu Molybdänblau (allgemeine Formel $MoO_{3-x}(OH)_x$) reduziert; die quantitative Bestimmung erfolgt photometrisch.

Durchführung

Geräte: Kunststoff-Flasche, 250-cm^3-Erlenmeyerkolben, 100-cm^3-Meßkolben, 1000-cm^3-Meßkolben, Bechergläser, Vollpipetten: 1-, 5-, 10- und 100-cm^3; Meßpipette mit 0,1-cm^3-Einteilung; Rückflußkühler und 250-cm^3-Rundkolben mit Heizpilz und Siedesteinen (s. "Vorbehandlung")

Reagenzien und Lösungen:

Ammoniummolybdat-Lösung: 10 g Ammoniummolybdat p.a. werden im Meßkolben mit dest. Wasser auf 100 cm^3 aufgefüllt.

Zitronensäure-Lösung: 10 g Zitronensäure in 100 cm^3 dest. Wasser

Reagenzlösung: 2 g p-Methylamino-phenolsulfat (Handelsbezeichnung "Photo-Rex") werden unter Erwärmen in möglichst wenig dest. Wasser gelöst, mit 17,5 g Natrium- oder 20,5 g Kaliumdisulfit versetzt und mit dest. Wasser im Meßkolben auf 100 cm^3 aufgefüllt.

Phosphat-Stammlösung: 139,8 mg Kaliumdihydrogenphosphat p.a. (nach Sörensen) werden im 1000-cm^3-Meßkolben mit dest. Wasser gelöst; 1 cm^3 dieser Lösung enthält 0,1 mg PO_4^{3-}.

halbkonz. Schwefelsäure (Schwefelsäure 98% und dest. Wasser im Verhältnis 1:1), Salzsäure konz.

Vorbehandlung:

Die Probenahme sollte in Kunststoff-Flaschen erfolgen. Um eine Verfälschung der Werte durch Reste von phosphathaltigen Spülmitteln zu vermeiden, werden alle Glasgeräte vor der Bestimmung mit dest. Wasser gründlich ausgespült.

Die folgende Methode erfaßt nur ortho-Phosphate; sollen gleichzeitig Polyphosphate bestimmt werden, wird die Probe mit 3 cm^3 konz. Salzsäure versetzt und eine Stunde lang am Rückflußkühler gekocht.

Bestimmung:

100 cm^3 der Wasserprobe werden in einen Erlenmeyerkolben pipettiert und mit folgenden Lösungen versetzt: 5 cm^3 halbkonz. Schwefelsäure, 1 cm^3 Zitronensäure-Lösung, 6 cm^3 Reagenzlösung, 8 cm^3 Ammoniumheptamolybdat-Lösung. Nach 20 Minuten mißt man die Extinktion der Lösung bei einer Wellenlänge von 730 nm gegen eine entsprechend hergestellte Blindlösung.
Die Eichkurve wird im Bereich von 0,02 bis 0,25 mg PO_4^{3-}/ 100 cm^3 (0,2 bis 2,5 mg/dm^3) aufgenommen. Bei niedrigen Konzentrationen sollten 2-cm-Küvetten verwendet werden.

Auswertung:

Die Phosphatkonzentration wird anhand der Eichkurve durch graphische Interpolation bestimmt.
Obwohl ortho-Phosphate im allgemeinen als HPO_4^{2-}-Ionen vorliegen, wird das Ergebnis in mg/dm^3 PO_4^{3-} angegeben.

3.4.4 NITRIT/NITRAT

In natürlichen unbelasteten Gewässern sind Nitrationen nur in Konzentrationen zwischen 0,4 und 8 mg/dm^3, Nitritionen dagegen höchstens in Spuren bis zu 0,001 mg/dm^3 vorhanden.

Aus Düngemitteln (Salpeter) sowie aus dem aeroben Abbau organischer Stickstoffverbindungen (z.B. von Eiweißstoffen) können größere Nitratmengen in das Wasser gelangen. Nitrit wird als Zwischenprodukt bei der Oxidation von Ammoniumionen (s. auch 3.4.6) und bei der Reduktion von Nitrat gebildet. Es wirkt als starkes Fischgift und stellt eine Vorstufe der krebserzeugenden N-Nitrosoverbindungen (z.B. N-Nitrosamine) dar.

In verunreinigten, belasteten Gewässern können Nitratgehalte von 50-150 mg/dm^3 und mehr auftreten. Lassen sich hohe Konzentrationen nicht geologisch auf Salpeterlagerstätten (vor allem im Grundwasser) zurückführen, so liegt immer eine Verschmutzung vor.
Für die Beurteilung der Selbstreinigungskraft eines Gewässers ist es wichtig, ob ein erhöhter Nitratgehalt mit ebenfalls erhöhten Ammonium- und Nitritionen-Konzentrationen verbunden ist. Ist dieses nicht der Fall, so reicht die Selbstreinigungskraft zur Mineralisierung organischer Stoffe aus.

Im Trinkwasser wird ein Nitratgehalt von 50 mg/dm^3 als Grenzwert angesehen; die Anwesenheit von Nitrit ist nicht erlaubt.

Bestimmungsmethode: Nitrit

In saurer Lösung reagieren Nitrite mit primären aromatischen Aminen zu Diazoniumsalzen; diese können mit einer Kupplungskomponente, im allgemeinen eine aromatische Verbindung mit einer Amino- oder Hydroxygruppe, zu intensiv gefärbten Azofarbstoffen umgesetzt werden (s. Lehrbücher der Organischen Chemie). Die Nachweisreaktion ist besonders empfindlich, wenn man Sulfanilamid und N-[Naphthyl(1)]-ethylendiamin-dihydrochlorid einsetzt.
Die Bestimmung der Konzentration erfolgt photometrisch.

Durchführung

Geräte: 100-cm^3-Meßkolben, 1000-cm^3-Meßkolben, Meßzylinder, 250-cm^3-Erlenmeyerkolben; Pipetten: 1-, 5-, 10-, 20-, 25- und 50-cm^3

Reagenzien und Lösungen:

Amid-Lösung: 1 g Sulfanilamid wird in 10 cm^3 Salzsäure (etwa 38 Gew.%, d: 1,19) und 60 cm^3 dest. Wasser gelöst und im Meßkolben mit dest. Wasser auf 100 cm^3 aufgefüllt.

Amin-Lösung: 100 mg N-[Naphthyl-(1)]-ethylendiamin-dihydrochlorid (Fluka) werden in dest. Wasser gelöst umd im Meßkolben auf 100 cm^3 aufgefüllt.

Nitrit-Stammlösung: Etwa 5 g Natriumnitrit p.a. werden 1 Stunde lang bei 110° C getrocknet; 1,500 g werden in dest. Wasser gelöst, mit einem cm^3 Chloroform versetzt und mit dest. Wasser im Meßkolben auf 1000 cm^3 aufgefüllt (1 cm^3 entspricht 1 mg NO_2^-). Der Titer der Lösung wird mit Kaliumpermanganat-Lösung überprüft (s. Lehrbücher zur quantitativen Analyse).

Nitrit-Verdünnung: (zur Ermittlung der Eichkurve) - 1 cm^3 der Nitrit-Stammlösung wird mit dest. Wasser im Meßkolben auf 1000 cm^3 aufgefüllt; 1 cm^3 dieser Lösung entspricht 1 µg Nitrit.

bei Vorbehandlung: Chloroform p.a.,

Aluminiumsulfat-Lösung: 12 g $Al_2(SO_4)_3 \cdot 18\ H_2O$ in

100 cm^3 dest. Wasser lösen.
alkalische Natriumcarbonat-Lösung: 17 g Natriumcarbonat p.a. und 17 g Natriumhydroxid p.a. in 100 cm^3 dest. Wasser lösen.

Störungen und Vorbehandlungen:
Kolloid gelöste organische Substanzen, Huminsäuren, Schwermetallionen: Zusatz von 5 cm^3 Aluminiumsulfat-Lösung pro 100 cm^3 Probevolumen und von alkalischer Natriumcarbonat-Lösung bis pH = 8 und anschließende Filtration

Die Bestimmung sollte innerhalb von drei Stunden nach der Probenahme erfolgen; andernfalls wird die Probe durch Schütteln mit 5 cm^3 Chloroform pro 1000 cm^3 stabilisiert.

Da der Nachweis sehr empfindlich ist, können bereits in der Luft vorhandene Spuren von Stickstoffoxiden zu Störungen führen.

Bestimmung:
50 cm^3 des (gegebenenfalls vorbehandelten) Wassers werden in einen 100-cm^3-Meßkolben pipettiert, mit 1 cm^3 Amid-Lösung versetzt und unter Leitungswasser abgekühlt. Nach 10, spätestens 20 Minuten wird 1 cm^3 Amin-Lösung zugegeben, mit dest. Wasser auf 100 cm^3 aufgefüllt und nach 20 Minuten bei 530 nm gegen eine gleich behandelte Blindprobe aus dest. Wasser photometriert.

Auswertung:
Die Nitrit-Konzentration wird interpolativ bestimmt. Zur Ermittlung der Eichkurve werden jeweils 1 bis 25 cm^3 der Nitrit-Verdünnung in 100-cm^3-Meßkolben pipettiert, mit dest. Wasser auf etwa 50 cm^3 verdünnt und wie oben beschrieben weiter behandelt (Bereich von 1-25 $\mu g/50\ cm^3$, entsprechend 0,02-0,5 mg/dm^3 NO_2^-).

Bestimmungsmethode: Nitrat

Nitrate reagieren in schwefel- und phosphorsaurer Lösung mit 2,6-Dimethylphenol zu dem Substitutionsprodukt 4-Nitro-2,6-dimethylphenol. Die Bestimmung der Konzentration erfolgt photometrisch.

Durchführung

Geräte: 50-cm^3-Erlenmeyerkolben, 10-, 100-, 1000-cm^3-Meßkolben, Meßzylinder, Pipetten: 0,1-, 0,5-, 1-, 2-, 5-, 15-cm^3, 2-cm^3-Meßpipette

Reagenzien und Lösungen:

Silbersulfat p.a., Amidosulfonsäure p.a., Chloroform p.a.

Säuremischung: 50 cm^3 Schwefelsäure p.a., d: 1,84, werden mit 50 cm^3 Phosphorsäure p.a., d: 1,71, gemischt.

Dimethylphenol-Lösung: 120 mg 2,6-Dimethylphenol p.a. (Merck) in 100 cm^3 Essigsäure p.a. lösen

Nitrat-Stammlösung: 1 g Kaliumnitrat p.a. wird bei 105° C getrocknet und im Exsikkator über Kieselgel aufbewahrt. 0,163 g werden in dest. Wasser gelöst, mit 1 cm^3 Chloroform versetzt, mit dest. Wasser im Meßkolben auf 1000 cm^3 aufgefüllt und gut geschüttelt. 1 cm^3 dieser Lösung enthält 0,1 mg Nitrat.

Nitrat-Verdünnungen (zur Ermittlung der Eichkurve):

(a): 2 cm^3 der Stammlösung werden mit dest. Wasser im Meßkolben auf 10 cm^3 aufgefüllt (1 cm^3 entspricht 20 µg Nitrat).

(b): 1 cm^3 der Stammlösung wird mit dest. Wasser im Meßkolben auf 100 cm^3 aufgefüllt (1 cm^3 entspricht 1 µg Nitrat).

Vorbehandlung und Störungen:

Wenn die Bestimmung nicht innerhalb von drei Stunden nach der Probenahme erfolgen kann, wird die Probe mit 5 cm^3 Chloroform pro dm^3 Untersuchungswasser stabilisiert.

Chloridionen werden (bei Konzentrationen über 50 mg/dm^3) durch Zusatz von Silbersulfat (fest) als Silberchlorid entfernt (Nie-

derschlag abfiltrieren).
Nitritionen werden (bei Konzentrationen über 0,5 mg/dm^3) durch Reduktion mit Amidosulfonsäure (fest) entfernt.

Bestimmung:
15 cm^3 der Säuremischung werden in einen 50-cm^3-Erlenmeyerkolben gegeben. Man pipettiert 2 cm^3 der Wasserprobe und 2 cm^3 Dimethylphenol-Lösung dazu, mischt und photometriert nach 10 Minuten bei 324 nm gegen eine analog behandelte Blindprobe aus 2 cm^3 dest. Wasser.
Die Küvetten müssen vor der Bestimmung mit der Säuremischung wasserfrei gespült werden.

Auswertung:
Die Konzentration in der Wasserprobe wird interpolativ bestimmt. Zur Ermittlung der Eichkurve im Bereich von 0,1 bis 20 mg/dm^3 Nitrat werden entsprechende Mengen der Nitrat-Verdünnungen (a) (z.B. 0,5, 1 und 2 cm^3, entsprechend 5, 10 und 20 mg/dm^3 Probe) und (b) (z.B. 0,2 und 2 cm^3, entsprechend 0,1 und 1 mg/dm^3 Probe) jeweils auf 2 cm^3 mit dest. Wasser aufgefüllt und wie oben beschrieben weiter behandelt.

3.4.5 FLUORID

Fluorid im Wasser kann zwar geologischen Ursprungs sein und ist dann im allgemeinen in Spurenkonzentrationen bis zu 0,5 mg/dm^3 vorhanden. In höheren Konzentrationen gelangt es jedoch meist durch industrielle Abwässer sowie aus fluorhaltigen Pflanzenschutzmitteln in die Gewässer.

Vom Menschen wird Fluor (vor allem in der Jugend) zum Aufbau des Skeletts benötigt und verhindert außerdem das Auftreten von Karies. Die Wirkung des Fluorids ist jedoch stark konzentrationsabhängig: Konzentrationen über etwa 1,5 - 2 mg/dm^3 im Trinkwasser können auf längere Sicht schädlich wirken. Im Trinkwasser wird von der WHO ein Grenzbereich von 0,8 bis maximal 1,3 mg/dm^3 gefordert, in der Trinkwasserverordnung für die BRD gelten 1,5 mg/dm^3 als Grenzwert.

Bestimmungsmethode

Fluoridionen reagieren mit dem weinroten Lanthan-Alizarinkomplexon-Chelat (Alizarinkomplexon: 1,2-Dihydroxyanthrachinon-3-methylamin-N,N-diessigsäure) zu einem stabileren blauroten Komplex im Molverhältnis 1:1. Die Bildung des Komplexes ist stark pH-abhängig und erreicht bei pH 4,50 den maximalen Wert. Störungen vor allem durch Magnesiumionen müssen bei der Eichung oder Probenvorbereitung berücksichtigt werden.

Verbreitet werden außer dieser photometrischen Methode potentiometrische Bestimmungen mit einer ionenselektiven Elektrode (Lanthanfluorid-Elektrode) durchgeführt, die jedoch nur die Aktivität des nicht komplexgebundenen Fluorids erfassen. Zur störungsfreien Bestimmung des gesamten Fluorids ist eine Wasserdampfdestillation des Fluorwasserstoffs erforderlich.

Durchführung

Geräte: 25-, 200- und 1000-cm^3-Meßkolben, Glastrichter, 50-cm^3-Becherglas, 1-, 10- und 20-cm^3-Meßpipetten, pH-Meter

Reagenzien: Alizarin-Komplexon, Ammoniak (min. 25%), Eisessig, Aceton, Ammoniumacetat, Natriumacetat wasserfrei, Lanthannitrat, Natriumfluorid (alle p.a.)

Lösungen: 2 N Salzsäure, 0,1 N Natronlauge, 6 N Essigsäure

Lanthan-Alizarin-Komplexon: 48 mg Alizarin-Komplexon ($C_{19}H_{25}NO_8 \cdot 2\ H_2O$) werden in 0,1 cm^3 Ammoniak, 1,0 cm^3 20%iger Ammoniumacetat-Lösung und wenigen cm^3 dest. Wasser gelöst. Zu dieser Lösung werden in einem 200-cm^3-Meßkolben 8,2 g wasserfreies Natriumacetat, 6,0 cm^3 Eisessig und das zur Lösung des Natriumacetats notwendige Volumen an dest. Wasser gegeben. Die Lösung wird filtriert, das Filter mit wenig Wasser gewaschen und das Filtrat mit 100 cm^3 Aceton versetzt; die Zugabe des Acetons soll langsam und unter Rühren erfolgen. Weiterhin werden in einem Becherglas 105 mg Lanthannitrat in 2,5 cm^3 2 N Salzsäure unter schwachem Erwärmen gelöst und zu der Alizarin-Komplexon-Lösung im 200-cm^3-Meßkolben unter einmaligem Nachspülen des Becherglases mit wenig Wasser gegeben. Nach dem Durchmischen wird auf 200 cm^3 mit dest. Wasser aufgefüllt und nach 30 Minuten das Volumen nochmals kontrolliert. Das Reagenz ist etwa eine Woche stabil.

Fluorid-Stammlösung: Etwa 5 g Natriumfluorid werden bei 105°C 2 Stunden getrocknet; 2,210 g werden in 50 cm^3 dest. Wasser und 1 cm^3 0,1 N Natronlauge gelöst und zu 1000 cm^3 im Meßkolben aufgefüllt. 1 cm^3 der Lösung entspricht 1 mg Fluorid.

Für die Eichung wird eine Verdünnung von 10 $\mu g/cm^3$ F^- hergestellt (1 cm^3 Stammlösung auf 100 cm^3).

Bestimmung:

15 cm^3 der filtrierten Wasserprobe (Trinkwasser, Meerwasser oder Mineralwasser) werden in einem 50-cm^3-Becherglas mit 8,0 cm^3 des Lanthan-Alizarin-Komplexon-Reagenzes versetzt und genau auf pH 4,50 unter tropfenweiser Zugabe (weniger als 0,5 cm^3) 6 N Essigsäure eingestellt, in den 25-cm^3-Meßkolben überführt und aufgefüllt. Die Blindlösung wird aus 15 cm^3 dest. Wasser, 0,4 cm^3 6 N Essigsäure und 8,0 cm^3 Reagenz

in einem 25-cm^3-Meßkolben hergestellt. Nach genau 30 Minuten erfolgt die Extinktionsmessung gegen die Blindlösung bei 622 nm in einer 1-cm-Küvette.

Auswertung:

Zur Eichung werden nach der Standard-Additionsmethode je 15 cm^3 der Wasserprobe mit 0,5 - 1,0 - 1,5 - 2,0 cm^3 der Fluorid-Verdünnung (10 $\mu g/cm^3$), 8,0 cm^3 der Reagenzlösung sowie dem vorher ermittelten Volumen der Essigsäurelösung versetzt, im Meßkolben auf 25 cm^3 aufgefüllt und wie oben gemessen. Von diesen Meßwerten wird der Wert der Analyse abgezogen, so daß die Eichkurve durch den Nullpunkt verläuft.

Die Fluoridkonzentration wird anhand der nach dem oben beschriebenen Verfahren ermittelten Eichkurve interpolativ bestimmt (Bereich 5-20 $\mu g/15\ cm^3$). Der Analysenwert wird auf 1000 cm^3 umgerechnet:

$$mg/dm^3\ F^- = \mu g/15\ cm^3 \cdot 1/15$$

3.4.6 AMMONIUMIONEN

Ammoniumionen können infolge mikrobieller Nitratreduktion entstehen oder auch mit Düngerausschwemmungen bzw. als primäre Abbauprodukte organischer Stickstoffverbindungen aus häuslichen oder industriellen Abwässern in natürliche Wässer gelangen. In reinen Wässern liegen die Gehalte an Ammoniak unter 0,1 mg/dm^3. In verunreinigten Wässern lassen sich Konzentrationen bis zu 10 mg/dm^3 feststellen. Dort kann Ammoniak in kurzer Zeit auf biogenem Wege in Nitrit und Nitrat übergehen.

Der Gehalt an Ammoniumverbindungen ist vor allem unter hygienischen Gesichtspunkten zu betrachten, da Ammoniak durch die Zersetzung von menschlichen oder tierischen Exkrementen entstanden sein kann. Harnstoff wird z.B. zu Ammoniak und Kohlendioxid bzw. Ammonium- und Hydrogencarbonationen zersetzt:

$$CO(NH_2)_2 + 2\ H_2O + H^+ \rightleftharpoons 2\ NH_4^+ + HCO_3^-$$

bzw. $$CO(NH_2)_2 + H_2O + 2\ H^+ \rightleftharpoons 2\ NH_4^+ + CO_2$$

Sonderfälle mit Gehalten bis zu 1 mg/dm^3 bilden Moorwässer und auch spezielle Grundwässer mit hohen Eisen- und Mangangehalten (Norddeutsche Tiefebene), in denen der unter Druck aus Eisensulfid und Kohlendioxid im Erdboden entstandene Schwefelwasserstoff Nitrate zu Ammoniak reduziert, z.B. nach der Gleichung:

$$NO_3^- + H_2S + H_2O \rightleftharpoons NH_4^+ + SO_4^{2-}$$

Diese Wässer sind dann fast immer nitrat- und nitritfrei.

Toxische Wirkungen des Ammoniaks sind nicht festgestellt worden. Wegen der möglichen Herkunft ist für das Trinkwasser von der WHO ein Grenzwert von 0,05 mg/dm^3 NH_4^+ angegeben. Außerdem wirkt ein hoher Ammoniumgehalt in den Rohrleitungen korrosionsfördernd.

Bestimmungsmethode

Die Bestimmung der Ammoniumionen erfolgt mit NESSLERS Reagenz; dieses bildet sich bei der Umsetzung von Quecksilberchlorid mit Kaliumiodid:

(1) $HgCl_2 + 2\ KI \rightleftharpoons HgI_2 + 2\ KCl$

(2) $HgI_2 + 2\ KI \rightleftharpoons K_2HgI_4$

Mit Ammoniumionen entsteht in stark alkalischem Medium eine gelbbraune Lösung (bei höheren Konzentrationen Trübung), die photometrisch gemessen werden kann:

(3) $NH_4^+ + 4\ OH^- + 2\ HgI_4^{2-} \rightleftharpoons OHg_2NH_2I + 7\ I^- + 3\ H_2O$

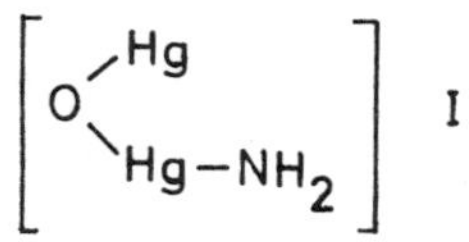

Durchführung

Geräte: 250-cm^3-Erlenmeyerkolben; 1-, 2- und 50-cm^3-Vollpipetten; 100-cm^3-Meßkolben, 1000-cm^3-Meßkolben; Spektralphotometer, 1-cm-Küvetten, Glastrichter

Reagenzien:

Aluminiumsulfat krist. rein DAB 7,
Ammoniak min. 25% (d: 0,91) p.a.,
Schwefelsäure 95-97% (etwa d: 1,84) p.a.,
Ammoniumchlorid p.a.,
Quecksilber(II)chlorid p.a.,
Kaliumiodid p.a.,
Natriumhydroxid-Plätzchen p.a.,
Kalium-Natrium-Tartrat p.a.,
Natriumcarbonat p.a.,
Zinksulfat p.a.,
Aluminiumhydroxid (frisch gefällt): Eine wäßrige Lösung an Aluminiumsulfat wird mit Ammoniak versetzt; der Niederschlag wird abfiltriert und gewaschen.

Lösungen:

Zum Ansetzen aller Lösungen und für alle Analysenschritte wird ammoniumfreies dest. Wasser verwendet: 1000 cm^3 Wasser werden mit 1 cm^3 Schwefelsäure versetzt und destilliert.

Ammoniumstandardlösung:

2,966 g Ammoniumchlorid werden mit dest. Wasser im Meßkolben auf 1000 cm^3 aufgefüllt (1 cm^3 entspricht 1 mg NH_4^+); aus dieser Lösung wird die Verdünnungsreihe für die Eichkurve hergestellt.

NESSLERS Reagenz:

6 g Quecksilber(II)chlorid werden in 50 cm^3 dest. Wasser gelöst und mit 7,4 g Kaliumiodid - gelöst in 50 cm^3 dest. Wasser - versetzt; dabei fällt rotes Quecksilber(II)iodid aus (Gleichung 1). Nach dem Absitzen des Niederschlags wird dekantiert und chloridfrei gewaschen (mit Silbernitratlösung überprüfen!). Nach Zugabe von weiteren 7,4 g Kaliumiodid in etwa 50 cm^3 dest. Wasser löst sich der Niederschlag auf (Gleichung 2). Eine Lösung von 20 g Natriumhydroxid in wenig dest. Wasser wird zugegeben; dann wird auf 100 cm^3 aufgefüllt. Wenn Spuren von Ammoniak als Verunreinigung vorliegen, bildet sich eine Trübung; die Lösung wird dann dekantiert.

Kalium-Natrium-Tartrat-Lösung:

50 g des Salzes werden in 100 cm^3 dest. Wasser gelöst, mit 5 cm^3 NESSLERS Reagenz versetzt, nach dem Absitzen des Niederschlages filtriert und in einer braunen Flasche aufbewahrt.

Zinksulfat-Lösung:

15 g Zinksulfat (mit 7 Molen Wasser) in 100 cm^3 dest. Wasser lösen.

Vorbehandlung bei störenden Substanzen:

Härtebildner und Eisenionen: Zusatz von Kalium-Natrium-Tartrat; Proben mit einer Gesamthärte von mehr als 25°dH werden stattdessen mit Natriumcarbonat und Natronlauge versetzt und filtriert.

Sulfidionen: Zugabe von Zinksulfat-Lösung und Abfiltrieren des Niederschlags

Färbungen oder Trübungen: Abfiltrieren oder Ausschütteln mit frisch gefälltem Aluminiumhydroxid und anschließendes Filtrieren

Färbung durch Huminstoffe: Der Farbton wird nach Zugabe von 2 cm^3 Natronlauge und 1 cm^3 Kalium-Natrium-Tartrat-Lösung (ohne Zugabe von NESSLERS Reagenz) in einer Vergleichsprobe von 50 cm^3 getrennt bestimmt und bei der Berechnung berücksichtigt.

Da Papierfilter Ammoniumionen abgeben können, werden sie vor dem Gebrauch mit heißem ammoniumfreien dest. Wasser ausgewaschen.

Alle Glasgeräte, einschließlich der zur Photometrie benutzten Küvetten, werden vor dem Gebrauch mit ammoniumfreiem dest. Wasser ausgespült.

Bestimmung:

50 cm^3 der gegebenenfalls vorbehandelten Wasserprobe werden in einem 250-cm^3-Erlenmeyerkolben mit 1 cm^3 Kalium-Natrium-Tartrat-Lösung und 2 cm^3 NESSLERS Reagenz versetzt. Die Messung erfolgt nach 5 Minuten bei 425 nm gegen eine Blindprobe aus dest. Wasser, das in gleicher Weise behandelt wurde.

Die Eichkurve wird mit der Standardlösung aus Ammoniumchlorid im Bereich von 0,1 - 2 mg/dm^3 (5 - 100 µg/50 cm^3 Probe) aufgestellt.

Umrechnungsfaktoren:

1 mg NH_4^+ ≙ 0,94 mg NH_3 ≙ 0,78 mg N

1 mg NH_3 ≙ 1,06 mg NH_4^+ ≙ 0,82 mg N

1 mg N ≙ 1,29 mg NH_4^+ ≙ 1,22 mg NH_3

3.4.7 EISEN(II)/EISEN(III)

Als vierthäufigstes Element in der Erdrinde ist Eisen im Spurenbereich in fast allen natürlichen Wässern vorhanden und kommt oft gemeinsam mit Mangan (s. 3.4.8) vorwiegend in Form von Hydrogencarbonaten gelöst vor. Unter reduzierenden Bedingungen, d.h. bei Sauerstoffdefizit, hohen Kohlendioxid-, Ammoniumionen- und Schwefelwasserstoff-Gehalten, sind z.B. in Grundwässern Konzentrationen von 1-3 mg/dm^3 bis zu 10 mg/dm^3 an Fe^{2+} festzustellen. Dieses Eisen wird aus Mineralien wie Hämatit Fe_2O_3, Magnetit Fe_3O_4, Siderit $FeCO_3$ oder Pyrit FeS_2 freigesetzt:

z.B.: $$FeS_2 + 2\ CO_2 + 2\ H_2O \rightleftharpoons Fe^{2+} + H_2S + 2\ HCO_3^- + S$$

Vor allem in der Norddeutschen Tiefebene sind diese hohen Gehalte zu finden - in sauren Grubenwässern (vor allem in Braunkohlegebieten) und in sogenannten Eisensäuerlingen (= eisenhaltige Heilquellen) können Konzentrationen bis zu 1000 mg/dm^3 bzw. 10-50 mg/dm^3 (z.B. in Pyrmont 20 mg/dm^3) an Fe^{2+} auftreten.

In Oberflächenwässern liegen gewöhnlich Konzentrationen bis zu 0,3 mg/dm^3 vor (Ausnahmen in Moorgebieten). Bei Anwesenheit von Sauerstoff werden Fe^{2+}-Ionen oxidiert:

$$2\ Fe^{2+} + 1/2\ O_2 + 2\ H^+ \rightleftharpoons 2\ Fe^{3+} + H_2O$$

In sauren Lösungen liegen Fe^{3+}-Ionen vor, in alkalischen wird Eisen als Fe(III)hydroxid ausgefällt. Außer als hydratisiertes Kation kann Eisen auch in Form von Komplexen mit organischen Verbindungen, besonders mit Huminsäuren, vorliegen. Zusätzlich sind kolloidale Formen im Wasser möglich (Hydroxidgele u.a.).

Durch Korrosionsvorgänge in Wasserversorgungsanlagen und durch Abwässer aus Beizereibetrieben gelangen zusätzliche Eisenmengen ins Oberflächenwasser und Trinkwasser.

Eisen hat keine gesundheitsschädigende Wirkung; trotzdem ist es im Trinkwasser und auch Brauchwasser unerwünscht: Ab 0,3 mg/dm^3 Gesamteisen macht sich ein metallischer Geschmack bemerkbar; ausfallendes Eisen(III)oxidhydrat kann zur Verstopfung der Rohrleitungen führen. Erhöhte Gehalte verursachen auch eine vermehrte Bildung von Eisenbakterien. Im Hinblick auf die Wirtschaftlichkeit von Trinkwasseraufbereitungsanlagen sollen im Rohwasser Konzentrationen unter 0,5-1,5 mg/dm^3 vorliegen.

Im Trinkwasserversorgungsnetz wird nach den "European Standards" der WHO eine Konzentration von 0,1 mg/dm^3 an Gesamteisen als Grenzwert bezeichnet.

Bestimmungsmethode

Eisen(II)- und Eisen(III)-Ionen können in einer schwach sauren Probelösung nebeneinander bestimmt werden: Fe(II) bildet mit 2,2'-Dipyridyl einen intensiv rot gefärbten Komplex, dessen Konzentration photometrisch ermittelt werden kann. In der gleichen Probe werden außerdem Fe(III)-Ionen mit Ferron (7-Iod-8-hydroxychinolin-5-sulfonsäure) komplexiert, der anionische Komplex mit Tetraphenylarsoniumchlorid zum Ionenpaar umgesetzt und dieses mit Chloroform extrahiert. Auch die Bestimmung dieser Konzentration im Chloroform-Extrakt erfolgt photometrisch - der Fe(II)-Komplex wird nicht extrahiert.

Durchführung

Geräte: zehn 100-cm^3-Meßkolben, ein 250-cm^3-Meßkolben, ein 1000-cm^3-Meßkolben; 250-cm^3-Schütteltrichter ; Vollpipetten: 1, 2, 5, 10, 20, 25, 50 cm^3, 20-cm^3-Meßpipette, kleiner Glastrichter, Filterpapier, pH-Meter

Reagenzien und Lösungen:

Acetatpuffer pH 4,6: 4 g Natriumhydroxid-Plätzchen p.a. werden in 100 cm^3 dest. Wasser gelöst und mit 12 cm^3 Eisessig p.a. versetzt; der pH-Wert wird mit Hilfe eines pH-Meters überprüft.

2,2'-Dipyridyl-Lösung (α, α'-Dipyridyl oder α, α'-Bipyridin):
100 mg 2,2'-Dipyridyl werden im Meßkolben mit dest. Wasser auf 100 cm^3 aufgefüllt.

Ferron-Lösung: 250 mg Ferron werden im Meßkolben auf 250 cm^3 mit dest. Wasser aufgefüllt.

Tetraphenylarsoniumchlorid-Lösung:
418 mg $(Ph)_4AsCl$ werden im Meßkolben mit dest. Wasser auf 100 cm^3 aufgefüllt.

Eisen(II)-Stammlösung: 140,3 mg Mohrsches Salz - $(NH_4)_2Fe(SO_4)_2 \cdot 6\ H_2O$ - werden im Meßkolben mit dest. Wasser auf 100 cm^3 aufgefüllt. 1 cm^3 dieser Lösung enthält 0,2 mg Fe^{2+}.
10 cm^3 der Eisen(II)-Stammlösung werden im Meßkolben mit dest. Wasser auf 100 cm^3 verdünnt; 1 cm^3 entspricht 0,02 mg an Fe^{2+}.

Eisen(III)-Standardlösung: Der Inhalt einer Ampulle Fe(III)-Titrisol wird im Meßkolben mit dest. Wasser auf 1000 cm^3 aufgefüllt; 1 cm^3 dieser Lösung enthält 1 mg Fe^{3+}.
2 cm^3 der Standardlösung werden im Meßkolben auf 100 cm^3 mit dest. Wasser aufgefüllt; 1 cm^3 entspricht 0,02 mg Fe^{3+}.

Chloroform p.a.

Bestimmung:
50 cm^3 der Wasserprobe werden in einem 100-cm^3-Meßkolben mit 10 cm^3 Acetatpuffer pH 4,6 und 20 cm^3 2,2'-Dipyridyl-Lösung versetzt, 30 sec geschüttelt und mit dest. Wasser aufgefüllt. Die Lösung wird bei 522 nm gegen dest. Wasser photometriert.

Zur Bestimmung von Eisen(III) werden 50 cm^3 dieser Lösung in einen 250-cm^3-Schütteltrichter pipettiert, mit 25 cm^3 Ferron-Lösung, 5 cm^3 Tetraphenylarsoniumchlorid-Lösung und 20 cm^3 Chloroform versetzt; nach jeder Zugabe wird 1 min, nach der Chloroformzugabe 3 min lang geschüttelt.
Man läßt die Phasen mindestens 4 min entmischen und läßt dann vorsichtig 2-3 cm^3 der unteren organischen Phase durch ein trockenes Papierfilter (um suspendierte Wassertröpfchen zu entfernen) direkt in eine verschließbare 1-cm-Küvette fließen. Die Probe wird bei 610 nm gegen Chloroform photometriert.

Auswertung:

Die Eisen(II)- und Eisen(III)-Konzentrationen werden interpolativ bestimmt: Zur Ermittlung der Eichkurven werden aus den Verdünnungen (s. Reagenzien und Lösungen) für Fe^{2+} und Fe^{3+} Gemische im Bereich von 0,02 bis 0,5 mg (entsprechend 1 bis 25 cm^3 der Verdünnungen) bezogen auf das Volumen der Wasserprobe (= 50 cm^3) hergestellt und wie oben beschrieben weiter behandelt. Die Konzentrationen in der Wasserprobe betragen danach 0,4-10 mg/dm^3.

Mit diesem Verfahren lassen sich nur Gehalte ab 0,4 mg/dm^3 Fe^{2+} bzw. Fe^{3+} ermitteln und somit keine Bestimmungen im Trinkwasser mit Normalgehalten durchführen.

3.4.8 MANGAN

Mangan tritt häufig neben Eisen (s. 3.4.7) auf und ist meist geologischen Ursprungs. Maximale Werte liegen bei 1-2 mg/dm^3. Dieses Element hat eine katalytische Wirkung bei Wachstumsprozessen. Wird jedoch eine Konzentration von 50 mg/dm^3 Mn^{2+} überschritten, so lassen sich toxische Wirkungen bei Fischen und Kleinlebewesen feststellen.

Innerhalb der Wasserversorgung wirkt sich Mangan störender als Eisen aus, da Mn(II)-Ionen weniger leicht als Fe(II)-Ionen oxidiert und entfernt werden können. Erhöhte Konzentrationen führen ähnlich wie beim Eisen zu übermäßigem Wachstum von (Mangan-)Bakterien und können Verstopfungen aufgrund von Ablagerungen in Rohrleitungen verursachen.

Nach der Trinkwasseraufbereitungsverordnung darf ein Wert von 0,1 mg/dm^3 an Mangan nicht überschritten werden. In der Literatur (s. Kap. 5) wird als Grenzwert häufig auch eine Konzentration von 0,05 mg/dm^3 aufgeführt. Erhöhte Gehalte bewirken auch eine geschmackliche Beeinträchtigung des Trinkwassers.

Bestimmungsmethode

Im alkalischen Medium reagieren Manganionen mit Formaldoxim zu dem orangeroten Komplex $(CH_2{=}N{-}O)_3Mn$, der das Mangan in der Oxidationsstufe +3 enthält. Mn(II)-Ionen reagieren ebenfalls und werden im Komplex zu dreiwertigem Mangan oxidiert. Die Bestimmung der Konzentration erfolgt photometrisch.

Durchführung

Geräte: 100- und 1000-cm^3-Meßkolben, 100-cm^3-Meßzylinder, 50-cm^3-Bürette, 1-, 5-, 50-cm^3-Vollpipetten, 10-cm^3-Meßpipette, 250-cm^3-Erlenmeyerkolben

Reagenzien und Lösungen:

Formaldoxim-Lösung: 4 g Hydroxylammoniumchlorid p.a. und 0,8 g Paraformaldehyd Erg. B. 6 werden im Meßkolben mit dest. Wasser auf 100 cm^3 aufgefüllt.

Ammoniumeisen(II)sulfat-Lösung: 140 mg Ammoniumeisen(II)sulfat p.a. werden mit 1 cm^3 Schwefelsäure 95-97% (etwa d: 1,84) p.a. in dest. Wasser gelöst und im Meßkolben auf 100 cm^3 aufgefüllt.

Ammoniak-Lösung: 75 cm^3 Ammoniak min. 25%ig (d: 0,91) p.a. werden mit 25 cm^3 dest. Wasser gemischt.

Titriplex III: Titrisol (Merck)

Hydroxylammoniumchlorid-Lösung: 10 g Hydroxylammoniumchlorid p.a. werden im Meßkolben mit dest. Wasser auf 100 cm^3 aufgefüllt.

Mangan-Standardlösung: Der Inhalt einer Ampulle Mangan-Standardlösung Titrisol wird mit dest. Wasser im Meßkolben auf 1000 cm^3 aufgefüllt. 1 cm^3 entspricht 1 mg Mn (als Mangan(II)-Ionen).

Verdünnung: 2,5 cm^3 der Standardlösung werden im Meßkolben auf 100 cm^3 aufgefüllt (1 cm^3 entspricht 25 µg Mn^{2+}).

Vorbehandlung und Störungen:

Die Calcium- und Magnesiumkonzentrationen sollten unter 450 mg/dm^3 liegen; andernfalls ist die Wasserprobe mit dest. Wasser entsprechend zu verdünnen.

Phosphationen in Konzentrationen über 10 mg/dm^3 stören nur in Gegenwart von Calciumionen; sie ergeben zu niedrige Werte.

Trübstoffe werden vor dem Photometrieren abfiltriert.

Bestimmung:

50 cm^3 der Wasserprobe werden in einem 250-cm^3-Erlenmeyerkolben nacheinander mit 5 cm^3 Formaldoxim-Lösung, 5 cm^3 Ammoniumeisen(II)sulfat-Lösung, 5 cm^3 Ammoniak-Lösung und nach etwa 5 Minuten mit 5 cm^3 Titriplex III-Lösung und 5 cm^3 Hydroxylammoniumchlorid-Lösung versetzt; nach jeder Reagenzienzugabe wird die Lösung geschüttelt. Nach 60 Minuten wird bei 480 nm gegen eine analog behandelte Blindprobe aus 50 cm^3 dest. Wasser photometriert.

Auswertung:

Die Mangan-Konzentration wird interpolativ aus der Eichkurve bestimmt. Zur Ermittlung der Eichkurve im Bereich von 25-250 µg/50 cm^3 Wasserprobe (entsprechend 0,5 - 5 mg/dm^3) werden jeweils 1 bis 10 cm^3 der Verdünnung mit dest. Wasser auf 50 cm^3 (aus einer Bürette) aufgefüllt und wie oben beschrieben weiter behandelt.

3.4.9 KUPFER

In natürlichen Wässern kommt Kupfer nur in Spuren vor. Sauerstoffreiche und aggressive Wässer können Kupfer aus Leitungssystemen in Lösung bringen. In Wässern hoher Härte wird das gelöste Kupfer nach und nach wieder als basisches Salz ausgefällt.

In Oberflächenwässern haben Konzentrationen von mehr als 0,1 mg/dm^3 bereits eine toxische Wirkung auf Algen und Pilze; zur Algenbekämpfung reichen Gehalte von 0,1-0,5 mg/dm^3 Cu^{2+}. Die biologische Abwasserreinigung wird bei Konzentrationen über 0,5 mg/dm^3 beeinträchtigt. Außerdem gehört Kupfer zu den Fischgiften. Als Verunreinigung können Kupfersalze durch Abwässer aus Galvanisierbetrieben in Oberflächenwässer gelangen und haben dort oft ein Fischsterben zur Folge.

Für den Menschen ist Kupfer ein essentielles Element: Er nimmt eine ausreichende Menge von etwa 4-5 mg täglich mit der normalen Nahrung zu sich. Bei erhöhter Kupferaufnahme wurde bisher keine chronische Kupfervergiftung nachgewiesen. Im Trinkwasser macht sich bei Konzentrationen über 2 mg/dm^3 ein metallischer Geschmack bemerkbar. In Eisenrohren können Kupferionen durch Lokalelementbildung Korrosionen verursachen. Als Grenzwert im Trinkwasser werden 0,05 mg/dm^3 von der WHO angegeben; nach 16stündigem Stehen des Wassers im Rohr dürfen 3,0 mg/dm^3 nicht überschritten werden.

Bestimmungsmethode

Kupfer(II)ionen bilden bei pH 4-11 mit dem Reagenz Natrium-diethyldithiocarbamat (Handelsname: Natrium-Diäthyldithiocarbaminat, auch -carbamidat; Abkürzung Na- DDTC) einen braungelb gefärbten Komplex, der in Wasser schwerlöslich, in organischen Lösungsmitteln dagegen leicht löslich ist. Die Bestimmung der Konzentration erfolgt nach Extraktion photometrisch.

Durchführung

Geräte: 250-cm^3-Schütteltrichter, 100-cm^3-Meßkolben, 1000-cm^3-

Meßkolben, Glastrichter und Filterpapier; 0,5-, 1-, 2-, 10-, 25-, 100-cm^3-Pipetten, Meßzylinder.

Alle Glasgeräte sind vor Gebrauch mit verd. Salpetersäure zu reinigen.

Reagenzien und Lösungen:

Zitronensäure-Lösung: 20 g Zitronensäure p.a. in 80 cm^3 dest. Wasser

Schwefelsäure (d: 1,27): 2 cm^3 Schwefelsäure 95-97%, d: 1,84 p.a. werden vorsichtig in 6 cm^3 dest. Wasser gegeben.

Ammoniumchlorid-Lösung: 2 g Ammoniumchlorid p.a. werden in 8 cm^3 dest. Wasser gelöst.

Na-DDTC-Lösung: 1 g Natrium-diäthyldithiocarbaminat (Merck) p.a. in 100 cm^3 dest. Wasser (frisch ansetzen)

Salpetersäure, verd.: 10 cm^3 Salpetersäure 65%,d:1,4 p.a. werden mit 30 cm^3 dest. Wasser gemischt.

Kupfer-Standardlösung: Der Inhalt einer Ampulle Kupfer-Titrisol wird im Meßkolben mit dest. Wasser auf 1000 cm^3 aufgefüllt (1 cm^3 entspricht 1 mg Cu^{2+}).

Kupfer-Verdünnung: 1:100 - 1 cm^3 der Kupfer-Standardlösung wird im Meßkolben mit dest. Wasser auf 100 cm^3 aufgefüllt (1 cm^3 entspricht 0,01 mg Cu^{2+}).

Chloroform p.a.

Störungen:

Der Kupferkomplex ist lichtempfindlich und sollte ohne Verzögerung photometriert werden.

Blei, Zink, Chrom und Nickel stören nur in größeren Konzentrationen.

Bestimmung:

100 cm^3 der Wasserprobe werden in einen 250-cm^3-Schütteltrichter pipettiert und mit 1 cm^3 Zitronensäure-Lösung, 0,5 cm^3 Schwefelsäure, 0,5 cm^3 Ammoniumchlorid-Lösung und 10 cm^3 Chloroform versetzt. Man schüttelt 3 Minuten lang, verwirft die organische (untere) Phase und versetzt die wäßrige Phase mit 2 cm^3 Na-DDTC-Lösung und 25 cm^3 Chloroform. Nach 3 Minuten gleichmäßigem Schütteln wird die organische Phase durch

ein Papierfilter in eine (verschließbare) Küvette abgelassen und sofort bei 438 nm photometriert; als Blindlösung verwendet man eine analog behandelte Probe aus 100 cm^3 dest. Wasser.

Liegt die Kupfermenge in der eingesetzten Wasserprobe über 0,2 mg (entsprechend 2 mg/dm^3 Cu^{2+}), so wird die Bestimmung mit einem kleineren Probevolumen wiederholt, das mit dest. Wasser auf 100 cm^3 aufgefüllt wurde.

Auswertung:

Die Kupferkonzentration wird interpolativ bestimmt. Zur Aufstellung der Eichkurve werden jeweils Volumina zwischen 0,5 und 20 cm^3 der Kupfer-Verdünnung (entsprechend 0,005 bis 0,2 mg bzw. 0,05 bis 2 mg/dm^3 Cu^{2+}) mit dest. Wasser im Meßkolben auf 100 cm^3 aufgefüllt und wie oben beschrieben weiter behandelt.

3.4.10 ZINK UND CADMIUM

Quellwässer enthalten in der Regel durchschnittliche Mengen von 0,002 mg/dm^3 an Zink, andere unbelastete natürliche Wässer etwa 0,01-0,02 mg/dm^3. Weiche, kohlensäurehaltige und chlorid-, sulfat- oder nitrathaltige Wässer lösen aus verzinkten Rohren das Metall heraus, so daß Konzentrationen von 5 mg/dm^3 vorliegen können. Nitrationen werden dabei zu Nitritionen reduziert.
Abwässer aus Beizereien, Galvanisierbetrieben und Zinkgruben führen natürlichen Wässern hohe Zinkmengen zu. Toxische Wirkungen zeigen Zinksalze vor allem bei Fischen im Bereich ab etwa 10 mg/dm^3. Eine Nahrungsquelle der Forellen, die Bachflohkrebse, ist bereits oberhalb von 1 mg/dm^3 nicht mehr lebensfähig.

Der Mensch benötigt täglich eine Menge von 10-15 mg an Zink; dieser Bedarf ist durch die Nahrung gedeckt. Im Trinkwasser machen sich Zinkgehalte oberhalb 5 mg/dm^3 geschmacklich bemerkbar; eine Giftwirkung bei Menschen ist jedoch nicht vorhanden. Im fließenden Leitungswasser liegen die durchschnittlichen Konzentrationen bei 0,4 mg/dm^3, in gestandenem Wasser etwa bei 2,65 mg/dm^3. Je nach Wasserhärte können bei höheren Zinkgehalten als 2 mg/dm^3 bereits Opaleszenzen oder Trübungen infolge des gebildeten schwerlöslichen Zinkcarbonats auftreten. Von der WHO wird als Grenzwert 5 mg/dm^3 Zink, in der Trinkwasserverordnung der BRD 2 mg/dm^3 angegeben.

Das Element Cadmium kommt geochemisch neben dem Zink vor. Durch Abwässer der eisenverarbeitenden Industrie, der Zinkhütten, Galvanisierbetriebe und Beizereien gelangen Cadmiumverbindungen in die Gewässer. Es können sowohl chronische als auch akute Vergiftungen auftreten (in Japan: Itai-Itai-Krankheit). Bei Fischen zeigt sich bei Anwesenheit von Zink- und Kupferionen eine Verstärkung der Giftwirkung; speziell bei Forellen sind Konzentrationen über 0,01 mg/dm^3 schädlich. Im Trinkwasser beträgt der Grenzwert 0,05 mmol/dm^3 entsprechend 0,006 mg/dm^3.

Bestimmungsmethode

Das Reagenz 1-(Pyridylazo-(2)-)-naphthol-(2) (PAN) bildet mit Zink im Bereich von pH 4,5-10, mit Cadmium bei pH 6-10 stabile rote, mit Chloroform extrahierbare Chelate. Im Gegensatz zum Zinkchelat wird das des Cadmiums durch einen anderen Komplexbildner, das Diethyldithiocarbamat, zerstört, wobei das entsprechende farblose Dithiocarbamat des Cadmiums entsteht. Störungen durch Ni, Cu, Co und Fe lassen sich durch Maskierung mit Cyanid und anschließende Demaskierung des Zinks mit Formaldehyd beseitigen. Mangan stört auch unter diesen Bedingungen und muß bei höheren Konzentrationen abgetrennt werden.

Durchführung

Geräte: 100-cm^3-Schütteltrichter, 1-, 2- und 10-cm^3-Meßpipetten, 50-cm^3-Vollpipette, 25- und 1000-cm^3-Meßkolben

Reagenzien:

Kaliumcyanid, 1-(Pyridylazo-(2)-)-naphthol-(2) (= PAN), Formaldehydlösung (s. "Lösungen"), Natriumdiäthyldithiocarbaminat (Merck), 25% Ammoniak, Ammoniumchlorid, Ethanol, Chloroform; Zinksulfat ($ZnSO_4 \cdot 7\ H_2O$), Cadmiumchlorid ($CdCl_2 \cdot H_2O$)

Lösungen:

Pufferlösung: 70 cm^3 Ammoniak (25%ig) und 10 g Ammoniumchlorid zu 1000 cm^3 mit dest. Wasser auffüllen

KCN-Lösung: 130 mg KCN in 100 cm^3 dest. Wasser lösen

PAN-Lösung: 0,1%ig in Ethanol

Formaldehydlösung: 20%ig in dest. Wasser

NaDDTC-Lösung: 0,225%ige Natriumdiäthyldithiocarbaminat-Lösung in dest. Wasser (jeweils frisch ansetzen)

Zink-Stammlösung: 4,399 g $ZnSO_4 \cdot 7\ H_2O$ werden im Meßkolben mit dest. Wasser auf 1000 cm^3 aufgefüllt.

Cadmium-Stammlösung: 1,791 g $CdCl_2 \cdot H_2O$ werden im Meßkolben mit dest. Wasser auf 1000 cm^3 aufgefüllt.

(Von den Stammlösungen werden jeweils Verdünnungen von 1:100 hergestellt: 1 cm^3 entspricht 10 µg.)

Bestimmung:

Zu 50 cm^3 der Wasserprobe werden im Schütteltrichter 2 cm^3 Pufferlösung, 0,5 cm^3 KCN-Lösung, 2 cm^3 PAN-Lösung und 0,2 cm^3 Formaldehydlösung hinzugefügt, eine Minute geschüttelt und dann nacheinander mit 15 und 5 cm^3 Chloroform je 30 Sekunden extrahiert. In den vereinigten Extrakten (bei Suspension von Wassertröpfchen durch ein trockenes Faltenfilter filtrieren), die im Meßkolben auf 25 cm^3 mit Chloroform aufgefüllt werden, wird für die Summe aus Zink und Cadmium bei der Wellenlänge 550 nm gegen eine analog behandelte Blindprobe aus 50 cm^3 dest. Wasser die Extinktion ermittelt.

Bei einer weiteren, in der gleichen Weise behandelten Probe werden die vereinigten Chloroformextrakte, die ebenfalls auf 25 cm^3 aufgefüllt wurden, mit 10 cm^3 der NaDDTC-Lösung 30 Sekunden geschüttelt. Aus der Extinktionsabnahme kann der Gehalt an Cadmium bestimmt werden.

Eichkurven mit 5, 10, 20 und 50 µg Zn bzw. Cd in 50 cm^3 Wasser (= Volumen der Wasserprobe) werden nach dem Verfahren für das Zink + Cadmium (s.o.) aufgestellt.

Auswertung:

interpolativ aus den Eichkurven:

Konzentration in der Wasserprobe 0,1- 1 mg/dm^3 Zn bzw. Cd (entsprechend 5 - 50 $µg/50\ cm^3$).

3.4.11 ANDERE TOXISCHE ELEMENTE

ARSEN kommt in verschiedenen Mineralwässern in sehr hohen Konzentrationen vor (bis 20 mg/dm^3: Bad Dürkheimer Maxquelle). Für Heilwässer sind 0,7 mg/kg als Grenzwert angegeben. Im Grundwasser sind keine höheren Gehalte als 0,1 mg/dm^3 zu erwarten. Durch chemische Abwässer können Arsenverbindungen in die Flüsse geraten. Im Trinkwasser ist wegen der Gefahr einer chronischen Arsenvergiftung ein Grenzwert von 0,5 mmol/m^3 entsprechend 0,04 mg/dm^3 für die BRD festgelegt.

BLEI ist in Grund- und Oberflächenwässern nur in der Nähe von Bleierzlagerstätten vorhanden (Harz, Sauerland, Eifel). In natürlichen Wässern liegen die Gehalte unter 0,005 mg/dm^3. Als Verunreinigung gelangt Blei aus organischen Verbindungen im Treibstoff über Luftverschmutzungen in das Wasser. Aus älteren Wasserrohrleitungen können aggressive Wässer Blei herauslösen. Schon geringe Mengen können zu chronischen Vergiftungen führen. Für Trinkwasser gilt als Grenzwert 0,2 mmol/m^3, entsprechend 0,04 mg/dm^3.

Bei CHROM-Verbindungen ist im Hinblick auf die Toxizität die elektrochemische Wertigkeit zu berücksichtigen: Chromate (Cr(VI)-Verbindungen) wirken als Enzymgifte, Chrom(III)-Salze weisen nur eine geringe Giftwirkung auf. Bereits bei Konzentrationen unter 0,03 mg/dm^3 an Chromat wird das Algenwachstum gehemmt; im Trinkwasser ist 1 mmol/m^3, entsprechend 0,05 mg/dm^3, der Grenzwert.

QUECKSILBER kommt in natürlichen Wässern aufgrund der Schwerlöslichkeit vieler seiner Verbindungen nur in Konzentrationen unter 0,06 µg/dm^3 vor. In der Industrie fallen Hg-Salze bei der Herstellung von Natronlauge (Amalgamverfahren), bei der PVC- und Papierproduktion sowie in Form Hg-haltiger Fungizide an. Quecksilbersalze führen zu schweren Schädigungen des Nervensystems (Minamata-Krankheit in Japan). Im Wasser kann Quecksilber in anorganischer oder organischer Form mit sehr unterschiedlichen toxischen Wirkungen vorliegen. In Organismen wird Quecksilber gespeichert. Der Grenzwert für Trinkwasser beträgt 0,02 mmol/m^3, entsprechend 0,004 mg/dm^3.

Bestimmungsmethoden

Für die aufgeführten Elemente As, Pb, Cr und Hg existieren spezielle photometrische Bestimmungsmethoden, die jedoch wegen des hohen Arbeitsaufwandes oder ihrer Störanfälligkeit (z.B. Bestimmungen von Pb und Hg mit Dithizon) für dieses Praktikum nicht geeignet sind. Die Erfassung von Pb und Hg nach dünnschicht-chromatographischer Trennung (s. Abschn. 3.3.1) ist nur bei höheren Konzentrationen möglich.

Die quantitativen Spurenanalysen insbesondere der Schwermetalle erfolgen daher überwiegend mit apparativen physikalisch-chemischen Analysenmethoden:

Die elektrochemischen Methoden Polarographie und Invers-Voltammetrie sind zur empfindlichen und auch simultanen Bestimmung einiger Elemente wie Zn, Cd, Pb und Cu vor allem direkt im Trinkwasser geeignet. Mit der Invers-Voltammetrie lassen sich infolge vorangehender Anreicherung der Elemente im Quecksilber im Vergleich zur Polarographie höhere Empfindlichkeiten erreichen.

In den letzten Jahren hat sich besonders für Reihenuntersuchungen die Atomabsorptionsspektrometrie (AAS) immer mehr in der Wasseranalytik durchgesetzt. Die Bestimmungen können für einige Elemente wie Cd, Zn, Cu und Ni direkt (oder nach einer Anreicherung durch Flüssig-flüssig-Extraktion von Metallkomplexen) durch Ansaugen der Lösungen und Atomisierung in der Flamme, oder vor allem für die Elemente As, Hg und Pb in der sogenannten Graphitrohrküvette nach flammenloser Atomisierung durchgeführt werden.

(Einzelheiten zur Anwendung dieser Analysentechniken in der Wasseranalytik sind z.B. im "JAHRBUCH VOM WASSER", Verlag Chemie, Weinheim - jährlich 1-2 Bände - der letzten zehn Jahre zu finden.)

3.5 KRITERIEN UND DATEN ZUR BEURTEILUNG DER WASSERQUALITÄT

(Wasserarten - Gesetzgebung - Grenz- und Richtwerte - Wassergüteklassen)

Die Beurteilung der Analysenergebnisse aus den vorangegangenen Bestimmungsverfahren ist von der Art bzw. von der beabsichtigten Verwendung des Wassers abhängig.
Eine Einteilung nach Wasserarten läßt sich nach der Herkunft und der Verwendung des Wassers vornehmen (s. auch Monographie HÜTTER, Kap. 5):

Trinkwasser: Leitungswasser, Tafelwasser, Mineralwasser, Brauwasser, Heilwasser

Brauchwasser (Wasser zur technischen Verwendung = Betriebswasser): für Lebensmittelbetriebe, als Kesselspeisewasser, Kühlwasser, Schwimmbadewasser, für die pharmazeutische Industrie, für landwirtschaftliche Betriebe usw.

Oberflächenwasser (natürliches Wasser): Bach-, Fluß-, See-, Meerwasser, Talsperrenwasser

Grundwasser: Brunnenwasser, Quellwasser

Niederschlagswasser: Regen-, Schnee-, Gletscherwasser, Tau, Rauhreif, Hagel

Abwasser: häusliche und industrielle Abwässer

Eine strenge systematische Abgrenzung der einzelnen Wasserarten ist jedoch nicht möglich: Brauwasser z.B. gehört in bezug auf die Qualität in die Gruppe Trinkwasser, aber auch in die Gruppe Brauchwasser für Lebensmittelbetriebe; ebenso werden Brunnen(Grund)- und Talsperrenwasser (Oberflächenwasser) als Trinkwasser verwendet.

Als Gesetze sind in der Bundesrepublik Deutschland für Oberflächen- und Grundwasser das allgemeine Wasserhaushaltsgesetz und die Landeswassergesetze und für Oberflächenwasser außerdem die Reinhaltungsverordnungen zu nennen.
Nach dem allgemeinen Wasserhaushaltsgesetz ist es strafbar, "unbefugt oder unter Nichtbefolgen einer Auflage Stoffe in ein Gewässer einzubringen oder einzuleiten, Stoffe so zu

lagern oder abzulagern, Flüssigkeiten oder Gase durch Rohrleitungen so zu befördern, daß eine schädliche Verunreinigung des Gewässers oder sonstige nachteilige Veränderungen seiner Eigenschaften dadurch eintreten".

Durch die Landeswassergesetze wird den örtlichen Wasserbehörden die Pflicht zur Überwachung auferlegt.
Ordnet man einzelnen Wasserarten spezielle Gesetze und Verordnungen zu, so ergibt sich folgende Einteilung:

Heilquellen: Wasserhaushaltsgesetz, Landeswassergesetz, Lebensmittelgesetz, Tafelwasser-Verordnung.

Trinkwasser: Lebensmittelgesetz, Trinkwasseraufbereitungs-Verordnung, Wassersicherstellungsgesetz, Bundesseuchengesetz, Milchgesetz u.a.

Abwasser: Landeswassergesetz, Höchstmengen-Verordnung, Detergentiengesetz, Verordnung über die Abbaubarkeit von Detergentien, Atomgesetz.

Im folgenden werden Daten über "Normalgehalte" verschiedener Wasserinhaltsstoffe getrennt nach Wasserarten aufgeführt, sowie Richt- und Grenzwerte für die im Kap. 3 bestimmten Substanzen bzw. Parameter genannt und Hinweise auf mögliche und zu untersuchende spezielle Verunreinigungen gegeben.

I. Inhaltsstoffe im Regenwasser (nach HÜTTER)

Substanz (Parameter)	Bereich der Meßwerte
pH-Wert	4,9 - 6,8
Leitfähigkeit	65 - 97 µS/cm
Gesamthärte	0,6 - 1,8° dH
Chlorid	4 - 10 mg/dm^3
Nitrat	7 - 22 mg/dm^3
Sulfat	9 - 24 mg/dm^3
Phosphat	0,1 mg/dm^3
CSB	2 - 10 mg/dm^3 O_2
Kohlenwasserstoffe	0,04 - 0,15 mg/dm^3

II. Natürliche, unbelastete Oberflächenwässer

Richtwerte - (geologisch bedingte Gehalte sind nicht berücksichtigt)

Substanz (Parameter)	Gehalt (Meßwert)
pH-Wert	6,7 - 7,5
Sauerstoffgehalt	2 - 5 mg/dm^3
$KMnO_4$- Verbrauch	8 - 12 mg/dm^3 $KMnO_4$
BSB_5	2 - 3 mg/dm^3 O_2
Chlorid	30 mg/dm^3
Sulfat	50 mg/dm^3
Phosphat	0,1 mg/dm^3
Nitrat	0,4 - 8 mg/dm^3
Nitrit	0,001 mg/dm^3
Fluorid	0,5 mg/dm^3
Ammonium	0,1 mg/dm^3
Kupfer	0,1 mg/dm^3
Zink	0,01 - 0,02 mg/dm^3

III. Natürlicher Mineralbrunnen

("Fuldaer Rhön-Quelle": Natrium-Calcium-Sulfat-Chlorid-Hydrogencarbonat-Quelle)

Substanz	Gehalt (Analysenergebnis in mg/kg)
Natrium	497,0
Kalium	38,0
Ammonium	2,8
Magnesium	108,5
Calcium	370,8
Mangan	1,2
Eisen	0,18
Fluorid	0,4
Chlorid	582,0
Nitrat	3,3
Sulfat	1110,0
Phosphat ($H_2PO_4^-$)	0,02

IV. Trinkwasser (Auswahl zu den Bestimmungsverfahren Kap. 3)

Substanz (Parameter)	WHO-Grenzwerte	EG-Richtwerte	Trinkwasser-VO/BRD
pH-Wert	-	6,5-8,5 (max. 9,5)	-
Sauerstoffgehalt	min. 5 mg/dm^3	Sättigungswert 75 %	-
Gesamthärte	2-10 mÄquiv./dm^3	-	-
Abdampfrückstand	-	1500 mg/dm^3 bei 180 °C	-
Leitfähigkeit	-	400 µS/cm bei 20 °C	-
$KMnO_4$-Verbrauch	-	2-5 mg/dm^3 O_2	-
Phenole	1 µg/dm^3	0,5 µg/dm^3	-
Kohlenwasserstoffe	-	10 µg/dm^3	-
polycyclische Aromaten	0,2 µg/dm^3	0,2 µg/dm^3	0,25 µg/dm^3
Detergentien	0,2 mg/dm^3	0,2 mg/dm^3 (Laurylsulfat)	-
Chlorid	200 mg/dm^3	25-200 mg/dm^3	-
Phosphat	-	0,35-6,1 mg/dm^3 PO_4^{3-}	5,0 mg/dm^3 P_2O_5
Nitrat	50-100 mg/dm^3	50-125 mg/dm^3	90 mg/dm^3
Fluorid	0,6-1,7 mg/dm^3	1,5 (8-12 °C) 0,7 (25-30 °C) mg/dm^3	1,5 mg/dm^3
Ammonium	0,05 mg/dm^3	0,05-0,5 mg/dm^3	-
Kupfer	0,05 mg/dm^3	0,1 mg/dm^3	-
Zink	5,0 mg/dm^3	0,1-5,0 mg/dm^3	2 mg/dm^3
Cadmium	0,005 mg/dm^3	0,005 mg/dm^3	0,006 mg/dm^3

V. Chemische Zusammensetzung des Meerwassers (Auswahl - in: HÜTTER)

Substanz	Konzentration in mg/kg
Magnesium	1295
Calcium	416
Chlorid	19345
Sulfat	2701
Sauerstoff	bis 8,5 cm^3/dm^3

VI. Schwimmbadewasser (Beckenwasser)

(Anforderungen nach den "Richtlinien Bäderbau und Bäderbetrieb/BRD")

Substanz (Parameter)	Konzentration (Meßwert)
pH-Wert	7 - 8,3
$KMnO_4$-Verbrauch	max. 10 mg/dm^3 $KMnO_4$
Ammonium	0,2 mg/dm^3
Nitrat	20 mg/dm^3
Chlorid	100 mg/dm^3

VI. Fischwasser (Anforderungen)

Substanz (Parameter)	Konzentration (Meßwert)
pH-Wert	5,5 - 7,5
Sauerstoff	min. 5 mg/dm^3
Gesamthärte	15 ± 3 °dH
Ammonium	max. 2 mg/dm^3
Nitrat	200 mg/dm^3
Nitrit	1 mg/dm^3

Die bisher üblichen Angaben aus Wasseranalysen in mg/dm^3 (mg/l) sollten nach den geltenden SI-Einheiten in $mmol/m^3$ umgerechnet werden.

Substanz	1 mg/dm^3 ≙ $mmol/m^3$
Calcium	35,0
Magnesium	41,2
Eisen	17,9

Substanz	1 mg/dm³ ≙ mmol/m³
Ammonium	55,5
Chlorid	28,2
Sulfat	10,4
Nitrat	16,1
Nitrit	21,7
Phosphat	10,5
Sauerstoff	31,3

WASSERGÜTEKLASSEN

Bei Verunreinigungen in natürlichen Gewässern vor allem mit organischen fäulnisfähigen Substanzen bilden sich charakteristische Lebensgemeinschaften (Biozönosen) mit typischen Leitorganismen, die als Indikatoren für den Grad der Verschmutzung bzw. für die Wasserqualität angesehen werden können. Die wesentlichen Faktoren für das Vorkommen dieser Leitorganismen sind:

1. die Änderung der Sauerstoffkonzentration (hervorgerufen durch den Abbau organischer Substanzen),
2. die Änderung der chemischen Wasserbeschaffenheit durch die Bildung von Fäulnisstoffen (bis zu anorganischen Substanzen),
3. die Änderungen in der Zusammensetzung der Arten insgesamt, hervorgerufen durch die veränderten Lebensbedingungen.

Dieses System aus Leitorganismen (in Artenlisten zusammengefaßt) wird als Saprobiensystem (sapros: Zersetzung, bios: Leben) bezeichnet und beinhaltet eine Einteilung in Wassergüteklassen I - IV, die mit den Farben blau - grün - gelb - rot in Gewässerkarten eingezeichnet werden.
Die folgenden Tabellen geben eine Zusammenstellung der wichtigsten biologischen Charakteristika bzw. den Zusammenhang zwischen chemischen Parametern und Wassergüteklassen wieder.

biologische Charakteristika	Wassergüteklasse
Makroorganismen vorherrschend, große Individuenzahl, jedoch je Art gering	I (kaum verunreinigt) - oligosaprob -
optimale Lebensbedingungen für die meisten Organismen, Biozönosen zeigen hohe Artenkonstanz	II (schwach verunreinigt) - ß-mesoprob -
zahlreiche Arten von Mikroorganismen	III (stark verunreinigt) - α-mesoprob -
Mikroorganismen vorherrschend, Bakterien zeigen Massenentfaltung, Artenzahl gering, Organismen mit hohem Sauerstoffbedarf fehlen	IV (sehr stark verunreinigt) - polysaprob -

Zusammenhänge zwischen Wassergüteklassen und chemischen Parametern

Substanz (Parameter)	Wassergüteklassen I	II	III
pH-Wert	6,5 - 8,5	6 - 8,5	5,5 - 9
Sauerstoffgehalt	min. 6	min. 5	min 3 mg/dm^3
Sauerstoffsättigung	min. 76	min. 50	min. 30 %
BSB_5	5	10	15 mg/dm^3 O_2
$KMnO_4$-Verbrauch	10	15	25 mg/dm^3 O_2
Abdampfrückstand	500	800	1200 mg/dm^3
Gesamthärte	20	30	40 °dH
Chlorid	200	300	400 mg/dm^3
Sulfat	150	250	300 mg/dm^3
Nitrat	13	30 mg/dm^3	
Ammonium	1	3 mg/dm^3	
Phenole	0,002	0,02 mg/dm^3	
Detergentien (anionisch)	1	2	3 mg/dm^3

(-alle Werte kleiner als ...)

4. BODEN- UND SCHLAMMANALYTIK

Fragen nach der Wirkung von Böden bzw. deren Inhaltsstoffen auf Pflanzen oder ökologische Systeme insgesamt, nach der Lagerfähigkeit von Schlämmen, nach der Wiederverwertung von festen Abfallstoffen und Schlämmen z.B. aus biologischen Kläranlagen sind immer mit der speziellen Frage nach der Löslichkeit von anorganischen und organischen Substanzen aus diesen Materialien im Wasser verbunden.
Infolge der Löslichkeit können Schadstoffe in das Grundwasser und weiter in Oberflächengewässer gelangen. Für die Untersuchung der Gewässerschädlichkeit von Schlämmen werden Extrakte mit Wasser hergestellt, wobei der pH-Wert berücksichtigt wird. Für die Untersuchung dieser Extrakte lassen sich die in Kap.3 beschriebenen Analysenverfahren anwenden.

Besondere Schwierigkeiten können bei der Gewinnung repräsentativer Proben entstehen. Ausführliche Angaben zur Probenahme sind in den "Deutschen Einheitsverfahren zur Wasser- und Schlammuntersuchung", Gruppe S (s. Kap. 5) zu finden.
Die folgendenAbschnitte beschränken sich auf Hinweise im Rahmen dieses Praktikums zu speziellen Untersuchungsverfahren sowie zur Gewinnung der wäßrigen Extrakte.

4.1 SPEZIELLE UNTERSUCHUNGEN

GLÜHVERLUST

Als Maß für den Gehalt an organischen Verbindungen wird ähnlich wie in der Wasseranalytik (s. Abschn. 3.2.5) auch bei Schlämmen und festen Abfallstoffen der Glühverlust herangezogen.
Nachdem die Boden- oder Schlammproben bei 110°C bis zurGewichtskonstanz getrocknet worden sind, wird der Rückstand auf 550°C geglüht. Unter diesen Bedingungen wird Calciumcarbonat noch wenig zersetzt. Für Gewässersedimente, vor allem bei Anwesenheit von viel Magnesiumsalzen, wird eine Temperatur von 500-525°C empfohlen, da sonst Magnesiumcarbonat bereits

Kohlendioxid abgibt. Bei 800°C zerfällt auch Calciumcarbonat. Organische Stoffe werden jedoch häufig bei 550°C noch nicht vollständig verbrannt. In diesen Fällen muß der Rückstand mit Ammoniumnitrat als Veraschungshilfe behandelt werden. Um ein Entflammen oder Verpuffen zu verhindern, muß das Erhitzen auf 550°C langsam durchgeführt werden.

Durchführung

Geräte: Porzellantiegel, vorgeglüht
Exsikkator, Muffelofen, Trockenschrank
Analysenwaage; 5-cm^3-Meßpipette

Reagenz: Ammoniumnitrat

Lösung: 10%ige wäßrige Lösung von Ammoniumnitrat

Bestimmung:

Einige Gramm (etwa 1/3 des Tiegelvolumens bedeckend) einer festen Probe werden zunächst bei 110°C im Trockenschrank bis zur Gewichtskonstanz (Gewichtsänderung kleiner als 1%) getrocknet. Danach wird die Probe im Muffelofen vorsichtig verascht (Aufheizen des Muffelofens auf 550°C) und nach dem Erreichen von 550°C 30 Minuten geglüht. Sind im Rückstand schwarze (unverbrannte) Anteile erkennbar, so wird der Rückstand mit 1-2 cm^3 Ammoniumnitrat-Lösung versetzt und nochmals geglüht. Nach dem Abkühlen im Exsikkator erfolgt die Wägung.

Auswertung:

$$\text{Glühverlust} = \frac{b - c}{b - a} \cdot 100 \quad \text{in } \%$$

a: Gewicht des Tiegels (vorgeglüht) in g

b: Gewicht des Tiegels mit Trockenrückstand in g

c: Gewicht des Tiegels mit Glührückstand in g

pH-WERT

Der pH-Wert wird in einem wäßrigen Auszug der festen Probe ermittelt (s. 4.2). Für die Konzentrationsangabe der Wasserstoffionen ist das Verhältnis feste Probe: Wasservolumen erforderlich, wobei in der Regel eine ungetrocknete Probe wegen der Flüchtigkeit einiger Säuren oder Basen eingesetzt werden muß. Der Wassergehalt der Boden- oder Schlammprobe läßt sich durch Trocknen bei 110°C bis zur Gewichtskonstanz ermitteln (s. unter "Glühverlust" in diesem Abschnitt) und bei der Angabe des Verhältnisses berücksichtigen.

Die Messung des pH-Wertes im filtrierten wäßrigen Auszug gibt Hinweise auf saure bzw. alkalische Inhaltsstoffe (z.B. Salze schwacher Säuren bzw. Basen, die hydrolytisch gespalten werden, s. Abschn. 3.2.1). Weicht der pH-Wert wesentlich von 7 ab, so kann auf die Elution der säure- bzw. alkalilöslichen Bestandteile (s. 4.2) verzichtet werden.

Von den Analysenverfahren zur Wasseranalytik sind folgende Bestimmungen auch für die Beurteilung von Boden- und Schlammproben sowie von Gewässersedimenten in einem wäßrigen Auszug von Interesse:

3.2.4 Gesamtsalzgehalt (wasserlöslich)

3.2.5 Glühverlust (s. oben: Originalprobe)

3.2.6 Leitfähigkeit (wasserlöslich)

3.2.7 Kaliumpermanganat-Verbrauch/chemischer Sauerstoffbedarf (wasser-, säure- und alkalilöslich - getrennt)

3.2.8 Biochemischer Sauerstoffbedarf (wie 3.2.7, Eluate neutralisieren)

3.2.9 Bestimmung der UV-Absorption (wie 3.2.7)

3.3.1 toxische Metalle (wasser-, säure- und alkalilöslich - getrennt)

3.3.2 Anionen - IR-Spektroskopie (wasser- bzw. alkalilöslich)

3.3.3 Phenole (alkalilöslich)

3.3.4 Kohlenwasserstoffe (wasserlöslich)

3.3.5 Detergentien (wasser-, säure- und alkalilöslich)

3.4.1 - 3.4.5
Einzelbestimmungen verschiedener Anionen (wasser- bzw. alkalilöslich)

3.4.6-3.4.10 Einzelbestimmungen verschiedener Kationen

4.2 BESTIMMUNG DER LÖSLICHEN BESTANDTEILE

Nach den "Deutschen Einheitsverfahren zur Wasser-, Abwasser- und Schlammuntersuchung" - s. Kap.5 - hat die Bestimmung der Eluierbarkeit mit Wasser folgendes Ziel:
"Mit diesem Verfahren sollen aus abzulagernden Materialien die Bestandteile bestimmt werden, die unter definierten Bedingungen in Lösung gehen. Ihre Bestimmung nach Art und Menge soll Hinweise darauf geben, welche Beeinträchtigungen oder Gefährdungen von Gewässern eintreten können, wenn die untersuchten Stoffe so gelagert werden, daß sie mit Wasser in Berührung kommen."

Durchführung

Geräte: Glastrichter mit Faltenfilter, 500-cm^3-Glasflaschen, Rührmotor, Teflonrührstäbe
Lösungen: 0,1 N Natronlauge und 0,1 N Salzsäure

Das Material wird in dem Zustand untersucht, in dem es abgelagert werden soll oder in dem es nach einer speziellen Probenahme (s. auch unter 4.1) als Schlamm, Sediment usw. vorliegt. Geben die Proben Wasser ab, so sind diese zu filtrieren und ist deren Filtrat gesondert zu untersuchen.

50 g der festen Probe werden in einer Glasflasche eingewogen und mit 500 cm^3 dest. (oder entmineralisiertem) Wasser in der Regel 24 Stunden (nach DEV-Vorschrift) gerührt. Im Rahmen dieses Praktikums können auch kürzere Zeiten gewählt werden. Danach erfolgen Filtration durch ein Papierfilter und ausgewählte Bestimmungen von Substanzgruppen bzw. Einzelsubstanzen.
Die Ergebnisse werden auf die Einwaage an fester Probe oder auf das Trockengewicht bezogen (s. 4.1).

Eine Reihe chemischer Stoffe (z.B. Schwermetallverbindungen) sind erst unter dem Einfluß von Säuren oder Alkalien löslich. Es kann daher zweckmäßig sein, in Einzelfällen die säurelöslichen (in 0,1 N Salzsäure) und alkalilöslichen Bestandteile (in 0,1 N Natronlauge) nach dem oben beschriebenen

Verfahren gesondert zu bestimmen, bzw. die Ergebnisse mit denen aus der Elution mit dest. Wasser zu vergleichen.

Ein Vergleich zwischen wasser- und säure-bzw. alkalilöslichen Bestandteilen ist für folgende Substanzgruppen bzw. Einzelsubstanzen aufgrund ihres Verhaltens sinnvoll:

toxische Metalle,
Phosphat,
Fluorid,
organische Substanzen insgesamt (z.B. Phenole, Detergentien u.a.).

5. WEITERFÜHRENDE LITERATUR

(1) Deutsche Einheitsverfahren zur Wasser-, Abwasser- und Schlammuntersuchung (Loseblattsammlung); Verlag Chemie, Weinheim, 7.Lieferung 1975.

(2) R.K.FREIER: Wasseranalyse. Physiko-chemische Untersuchungsverfahren wichtiger Inhaltsstoffe; de Gruyter, Berlin, 2. Aufl. 1974.

(3) K.GRASSHOFF: Methods of Seawater Analysis; Verlag Chemie, Weinheim 1976.

(4) D.HENSCHLER (Hrsgb.): Analytische Methoden zur Prüfung gesundheitsschädlicher Arbeitsstoffe, Bd.1 Luftanalysen (Loseblattsammlung); Verlag Chemie, Weinheim 198o.

(5) K.HÖLL: Wasser - Untersuchung, Beurteilung, Aufbereitung, Chemie, Bakteriologie, Biologie; de Gruyter, Berlin, 5. Aufl. 197o.

(6) L.A.HÜTTER: Wasser und Wasseruntersuchung, Methodik, Theorie und Praxis chemischer, chemisch-physikalischer und bakteriologischer Untersuchungsverfahren; Laborbücher Chemie, Verlage Diesterweg, Salle, Sauerländer, Frankfurt u.a., 1. Aufl. 1979.

(7) H.ISRAEL, G.W.ISRAEL: Spurenstoffe in der Atmosphäre; Wiss. Verlagsges., Stuttgart 1973.

(8) W.LEITHE: Die Analyse der Luft und ihrer Verunreinigungen in der freien Atmosphäre und am Arbeitsplatz; Wiss. Verlagsges., 2. Aufl. Stuttgart 1974.

(9) W.LEITHE: Die Analyse der organischen Verunreinigungen in Trink-, Brauch- und Abwässern; Wiss. Verlagsges., Stuttgart 2. Aufl. 1975.

(10) E.MERCK (Hrsgb.): Die Untersuchung vom Wasser; Merck, Darmstadt, 9.Aufl. o.J.

(11) D.LIENIG: Wasserinhaltsstoffe. Bedeutung und Erfassung. Akademie-Verlag, Berlin 1979.

(12) F.MEINEK (Hrsgb.): Einheitliche Anforderungen an die Beschaffenheit, Untersuchung und Beurteilung von Trinkwasser in Europa; WHO Genf, Fischer Verlag, 2. Aufl. Stuttgart 1971.

(13) H.MOENKE, C.-J.NÖTZOLD: Analytik für den Umweltschutz; Akad. Verlagsges. Geest u. Portig, Leipzig 1977.

(14) G.RÖNICKE, K.DIRNAGL, D.KLOCKOW: Luftchemische Meß- und Analyseverfahren. Herausgegeben von der DFG-Kommission zur Erforschung der Luftverunreinigung (bisher IV. Mitteilung); Harald Boldt Verlag, Boppard 1979.

(15) <u>Studienführer Umweltschutz</u> - Wissenschaftliche Aus- und Fortbildungsmöglichkeiten im Umweltschutz an Wissenschaftlichen Hochschulen (einschließlich Gesamthochschulen und Pädagogischen Hochschulen) und Fachhochschulen; erstellt vom Umweltbundesamt im Auftrag des Bundesministers des Innern; Herausgeber: Bundesministerium des Innern, Referat Öffentlichkeitsarbeit, Bonn Februar 1977.

ANHANG 1:

Analysenformblatt zum ANALYTISCH-CHEMISCHEN UMWELT-PRAKTIKUM

Teilnehmer:

Bestimmung:

Datum der Probenahme: der Eichkurve:
der Untersuchung:

Ort der Probenahme:	Uhrzeit:	Wetter:

Photometrie - Filter:	Wellenlänge (nm):

Ergebnis - Extinktion:
mg/dm^3:
ppm: ppb:

Bemerkungen:

$E = f(c)$

ANHANG 2:

Tabelle zur Sauerstoffsättigung

(in Abhängigkeit von der Temperatur bei 760 Torr[x)] s.S.11 und wasserdampfgesättigter Atmosphäre in mg/dm^3 O_2 - nach Truesdale, Downing, Lowden (1955), J. Appl. Chem. 5, 53)

°C	0,0	0,2	0,4	0,6	0,8
0	14,16	14,08	14,00	13,93	13,85
1	13,77	13,70	13,63	13,55	13,48
2	13,40	13,33	13,26	13,19	13,12
3	13,05	12,98	12,91	12,84	12,77
4	12,70	12,64	12,57	12,51	12,44
5	12,37	12,31	12,25	12,18	12,12
6	12,06	12,00	11,94	11,88	11,82
7	11,76	11,70	11,64	11,58	11,52
8	11,47	11,41	11,36	11,30	11,25
9	11,19	11,14	11,08	11,03	10,98
10	10,92	10,87	10,82	10,77	10,72
11	10,67	10,62	10,57	10,53	10,48
12	10,43	10,38	10,34	10,29	10,24
13	10,20	10,15	10,11	10,06	10,02
14	9,98	9,93	9,89	9,85	9,81
15	9,76	9,72	9,68	9,64	9,60
16	9,56	9,52	9,48	9,45	9,41
17	9,37	9,33	9,30	9,26	9,22
18	9,18	9,15	9,12	9,08	9,04
19	9,01	8,98	8,94	8,91	8,88
20	8,84	8,81	8,78	8,75	8,71
21	8,68	8,65	8,62	8,59	8,56
22	8,53	8,50	8,47	8,44	8,41
23	8,38	8,36	8,33	8,30	8,27
24	8,25	8,22	8,19	8,17	8,14
25	8,11	8,09	8,06	8,04	8,01
26	7,99	7,96	7,94	7,91	7,89
27	7,86	7,84	7,82	7,79	7,77
28	7,75	7,72	7,70	7,68	7,66

ANHANG 3:

Infrarot-Spektrum eines Abdampfrückstandes

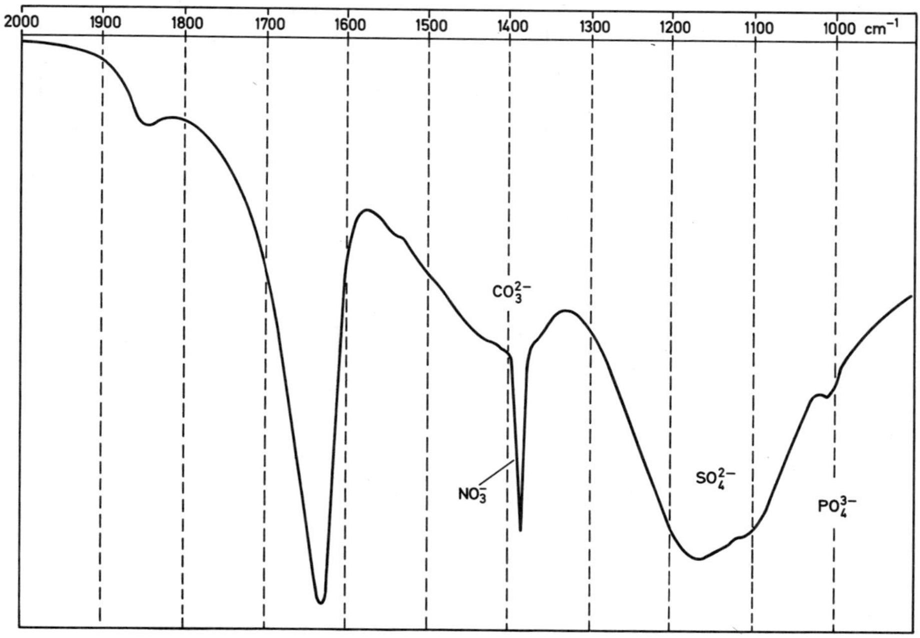

ANHANG 4:

Korrelationstabelle zur Infrarot-Spektroskopie

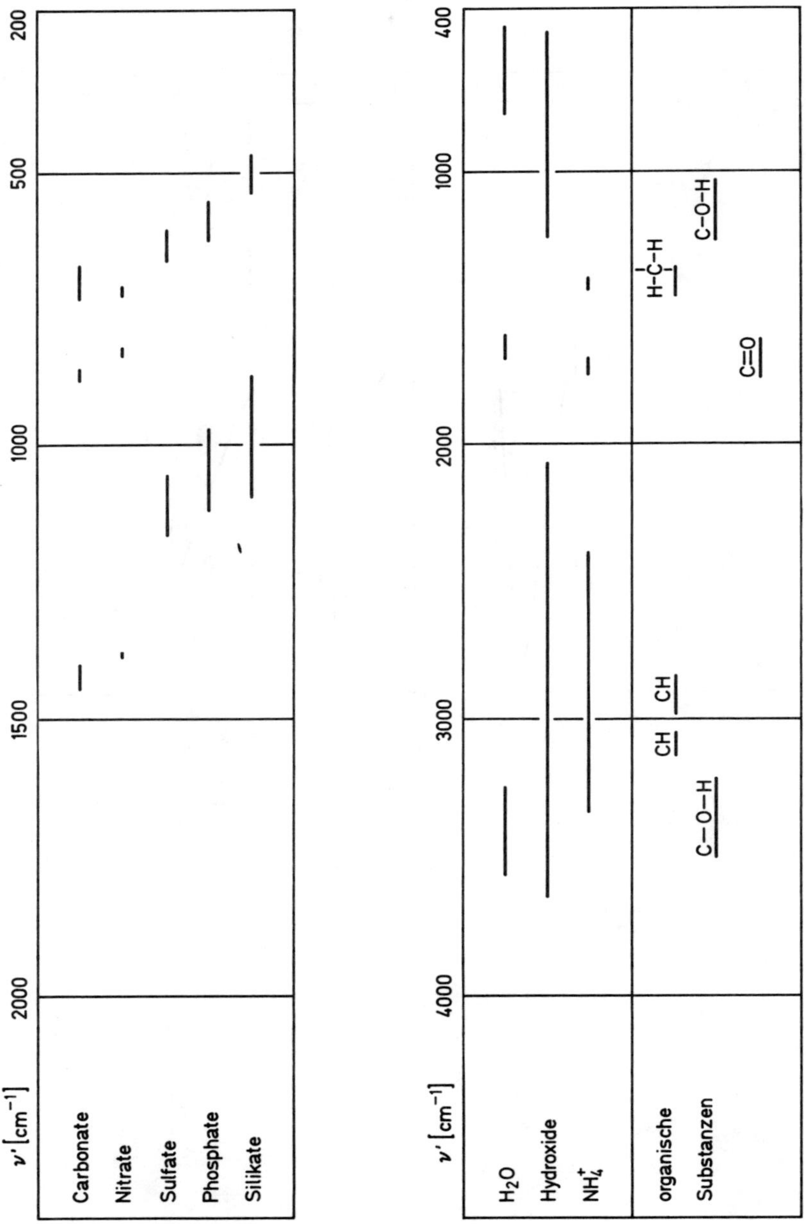